BIM – einfach machen!

Jetzt diesen Titel zusätzlich als E-Book downloaden und 70 % sparen!

Als Käufer dieses Buchtitels haben Sie Anspruch auf ein besonderes Kombi-Angebot: Sie können den Titel zusätzlich zum Ihnen vorliegenden gedruckten Exemplar für nur 30 % des Normalpreises als E-Book beziehen.

Der BESONDERE VORTEIL: Im E-Book recherchieren Sie in Sekundenschnelle die gewünschten Themen und Textpassagen. Denn die E-Book-Variante ist mit einer komfortablen Volltextsuche ausgestattet!

Deshalb: Zögern Sie nicht. Laden Sie sich am besten gleich Ihre persönliche E-Book-Ausgabe dieses Titels herunter.

In 3 einfachen Schritten zum E-Book:

❶ Rufen Sie die Website **www.beuth.de/e-book** auf.

❷ Geben Sie hier Ihren persönlichen, nur einmal verwendbaren E-Book-Code ein:

31504K2DDBC9F8B

❸ Klicken Sie das „Download-Feld" an und gehen dann weiter zum Warenkorb. Führen Sie den normalen Bestellprozess aus.

Hinweis: Der E-Book-Code wurde individuell für Sie als Erwerber dieses Buches erzeugt und darf nicht an Dritte weitergegeben werden. Mit Zurückziehung dieses Buches wird auch der damit verbundene E-Book-Code für den Download ungültig.

BIM – einfach machen!

Christine Proksch
Philipp Albrecht
Dr. Christof Duvenbeck
Dr. Gerald Faschingbauer

BIM – einfach machen!

Reales Projekt. Echte Erfahrungen.
Anwendungsfall: BIM4FM

1. Auflage 2023

Herausgeber:
DIN Deutsches Institut für Normung e. V.

Beuth Verlag GmbH · Berlin · Wien · Zürich

Herausgeber: DIN Deutsches Institut für Normung e. V.

© 2023 Beuth Verlag GmbH
Berlin · Wien · Zürich
Am DIN-Platz
Burggrafenstraße 6
10787 Berlin

Telefon: +49 30 588 857 00-00
Internet: www.beuth.de
E-Mail: kundenservice@beuth.de

Titelbild: © lena_serditova, Nutzung unter Lizenz von stock.adobe.com

Satz: Beuth Verlag GmbH, Berlin

Druck: Drukarnia Skleniarz, Kraków

Gedruckt auf säurefreiem, alterungsbeständigem Papier nach DIN EN ISO 9706

ISBN 978-3-410-31504-9
ISBN (E-Book) 978-3-410-31505-6

Autorenporträts

Christine Proksch (Herausgeberin)

Als Architektin mit 30 Jahren Berufserfahrung auf mittleren und großen Baustellen in Deutschland lerne ich immer noch jeden Tag dazu. Ich liebe Herausforderungen, und eine davon war das BIM-Projekt beim DIN-Gebäude, bei dem ich jeden Tag sehr viel lernen durfte. Diese Erfahrungen möchte ich gerne teilen.

Philipp Albrecht

Seit 10 Jahren bin ich im Bereich der Standardisierung von innovativen Technologien unterwegs. Als Wirtschaftsingenieur mit Schwerpunkt Innovationsmanagement finde ich es außerordentlich spannend, wie neue Produkte, Ideen und Unternehmen nachhaltig am Markt etabliert werden können. Ein Instrument dafür ist die Standardisierung. Innovationen und Standardisierung zusammen denken: Das machen nur wenige. Habe ich vor meiner Zeit bei DIN auch nicht gemacht. Mit dem Themenfeld BIM bin ich nun auf die Digitalisierung der Bau- und Gebäudebranche fokussiert. Wenn es uns gelingt, diese zu transformieren, haben wir einen gewaltigen Hebel, um dem Klimawandel zu begegnen. Sowohl die Digitalisierung des Bau- und Gebäudesektors als auch die Standardisierung sind wichtige Instrumente, um diesen Hebel zu bewegen.

Dr. rer. nat. Christof Duvenbeck

Das Thema CAD begleitet mich bereits mein ganzes Leben. Ursprünglich habe ich als Chemiker Moleküle auf der Basis quantenchemischer Berechnungen und Molekularmechanik 3D-visualisiert, um mathematische Modelle zur Schätzung physikalischer Eigenschaften chemischer Verbindungen zu entwickeln. Aus den Molekülen wurden später Facilities, die ich in CAFM-Systemen grafisch mit alphanumerischen Daten verknüpft habe. Seit 1998 verfolge ich aus Sicht eines CAFM-Herstellers die grafische Systementwicklung hinsichtlich externer CAD-Kopplungen und integrierter CAD- und BIM-Viewer. Nach unterschiedlichen Rollen in Software-Entwicklung, Consulting und Vertrieb bereite ich heute als R&D- und Sales-Manager im Namen der RIB IMS GmbH innovativen Technologien den Weg ins Computer Aided Facility Management, teile mein CAFM-Knowhow mit Wegbegleitern bei CAFM-Ring und GEFMA, unterstütze bei der Ausarbeitung von Richtlinien wie z. B. „VDI 2552 Blatt 6 – BIM im FM“ oder „VDI 6026 1.1 Dokumentation in der technischen Gebäudeausrüstung“ und bringe aktiv meine Kenntnisse in den Bereichen CAD/BIM, IoT und KI in aktuelle Forschungsprojekte ein.

Dr. Gerald Faschingbauer

Seit 30 Jahren beschäftige ich mich mit den Themen Planen und Bauen. Als sehr junger Mensch durfte ich noch die analoge Praxis des Bauzeichnerberufes kennenlernen. Digitale Arbeitsweisen waren damals eher noch die Ausnahme, aber meine ersten Schritte bei der Nutzung der „EDV“ haben mich fasziniert. Gedankengänge durch Programmierung reproduzierbar zu machen, hatten auch mit den damaligen Mitteln schon riesiges Potenzial. Auch während meines Bauingenieurstudiums hat mich die Anwendung digitaler Methoden nicht losgelassen. Durch meine wissenschaftliche Tätigkeit und anschließende

Promotion auf dem Gebiet der Bauinformatik bin ich dann mit dem Themenfeld in Berührung gekommen, dass man heute als „BIM“ bezeichnet. Das greifbare Ziel einer möglichst durchgängigen, modellbasierten Informationsverarbeitung inspiriert mich täglich, die „BIM-Anwendung der Dynamischen BauDaten“ im Zusammenspiel von Normung und Softwareentwicklung für Planen, Bauen und Betreiben weiter voranzutreiben.

Vorwort

Liebe Leserin, lieber Leser,

da Du dieses Buch in der Hand hältst, bist Du vermutlich in der Situation, Dich mit BIM beschäftigen zu dürfen und Du weißt u. U. noch nicht, in welcher Weise und mit welchen Mitteln Du das Thema angehen kannst. Falls es Dich tröstet: Du bist damit nicht allein.

Dieses Buch ist das Ergebnis der eigenen guten und auch weniger guten Erfahrungen mit dem BIM-Projekt des DIN e. V., das parallel zu den umfangreichen Umbau- und Sanierungsmaßnahmen der DIN-Hauptverwaltung in Berlin durchgeführt wurde. Damit Dir Frustration erspart bleibt, Du nicht unnötig Zeit und Geld verlierst, haben wir diese Anleitung für Dich geschrieben und hoffen, dass wir Dich damit unterstützen können, die BIM-Welt für Dich und andere einfacher zu gestalten. Denn BIM ist einfach, wenn man ein paar grundlegende Voraussetzungen beachtet.

Nun bleibt uns nur noch, Dir viel Erfolg zu wünschen. Wir freuen uns über Rückmeldungen, Anmerkungen, Ergänzungen, Lob – und wenn es sein muss auch Kritik.

Du schaffst das!

Christine, Christof, Gerald, Philipp

Berlin, Juni 2023

Inhaltsverzeichnis

1 Jedes Buch beginnt mit einer Einleitung

BIM – neumodischer Kram, den die Welt nicht braucht, oder doch ein sinnvolles Tool, um ein Projekt wirtschaftlich zu planen, umzusetzen und zu betreiben? Umfragen bei Planungsbüros, die BIM einsetzen, bestätigen Letzteres und auch wir haben diese Erfahrung gemacht. Ohne BIM wird die Erfüllung der Anforderungen an das klimaneutrale und nachhaltige Bauen und der Nachweis dafür nicht gelingen. BIM ist die entscheidende Lösung, um alle erforderlichen Daten in einem Modell und damit an einem Ort zu hinterlegen und an andere Beteiligte weiterzureichen. Das lästige Führen, Kontrollieren und Verteilen von Listen und Dokumenten ist damit hinfällig – und die damit verbundenen Fehler entfallen. Keine Sorge, auch mit BIM sind Fehler möglich.

Mit BIM kann bereits in der Planungsphase die ökologische und ökonomische Auswertung zu den ausgewählten Materialien und Technologien erfolgen und auch die erforderlichen Bauleistungen sowie die Baukosten und die Kosten des Betriebs können ermittelt werden. Damit können bereits zu Beginn der Planungsphase Fehler vermieden werden, die ein Gebäude unwirtschaftlich machen (z.B. höhere Finanzierungskosten, weil die Anforderungen an Nachhaltigkeit, Kreislaufwirtschaft etc. nicht oder nur unzureichend erfüllt werden, hohe Bewirtschaftungskosten aufgrund ungünstiger Geometrien, Materialien oder Technologien).

Das Wesentliche an BIM sind die Daten. Es gibt inzwischen unzählige Datenbanken in sehr unterschiedlicher Datenqualität und -quantität. Mit der Qualität der Daten, aber auch der BIM-Software, steht und fällt das BIM-Projekt. Je sicherer die Daten sind, die allen Beteiligten zur Verfügung stehen, umso einfacher gestaltet sich das BIM-Projekt. Die DIN BIM Cloud ist eine umfangreiche Bibliothek mit Daten zu Hoch-, Tief-, Straßen-, Garten- und Landschaftsbau sowie technische Gebäudeausrüstung, die regelmäßig aktualisiert werden. Mit Nutzung der DIN BIM Cloud ist ein entscheidender Teil von BIM ganz einfach, man muss es nur machen – damit sind wir bei unserem Thema:

BIM – einfach machen!

Dieses von Dr. Klaus Schiller 2012 als Moderator eines gemeinsamen „BIM-Symposiums" des BBSR im Bundesamt für Bauwesen und Raumordnung sowie der Baukammer Berlin geprägte Leitmotiv galt damals wie heute sowohl für alle am Bau Beteiligten als auch für die Softwarehersteller. „BIM einfach machen" soll einerseits motivieren, in der Baupraxis nicht auf die perfekte Lösung für die Digitalisierung zu warten, sondern stattdessen mit den vorhandenen Möglichkeiten „einfach" zu beginnen. Andererseits ist das Leitmotiv als Appell für Softwarehersteller zu verstehen, nicht nur an die „BIM-Elite" zu denken, sondern auch „einfache" Softwarelösungen anzubieten, die alle am Bau Beteiligten einbeziehen.

In diesem Buch möchten wir den Akteuren des Planens, Bauens und Betreibens einen pragmatischen Weg für den einfachen Einstieg in BIM mit den standardisierten Daten der DIN BIM Cloud aufzeigen.

2 Christines Geschichte zum BIM-Projekt des DIN-Gebäudes

2.1 Wie alles begann

2.1.1 Keine Ahnung – und davon viel

Das Deutsche Institut für Normung e. V. (DIN) hatte mich als Gesamtprojektleiterin für sein – wie sich sehr schnell herausstellte – anspruchsvolles und herausforderndes Umbau- und Sanierungsprojekt der DIN-Hauptverwaltung in Berlin ins Team geholt. Damit war ich auch für weitere Unterprojekte, u. a. BIM und die Einführung von CAFM verantwortlich. Aufgabe war es, ein as-built-Modell (Planer) und eine BIM-fähige Dokumentation (GU) zu erstellen. Heute weiß ich, dass die Forderung nach dieser Form der Dokumentation unsinnig war, dazu später mehr. Aufgrund meiner langjährigen Berufserfahrung in Planung, Bau- und Bauprojektleitung und dank meines jugendlichen Leichtsinns hatte ich keinen Zweifel, dass ich das BIM-Projekt schon irgendwie bewerkstelligen würde. Auch weil mir die Einführung neuer Software nicht fremd war, ging ich davon aus, dass auch BIM kein Problem darstellen würde.

Was BIM betraf, wusste ich nicht einmal, für was die Abkürzung steht und selbst das Nachlesen in einer bekannten digitalen Wissensdatenbank brachte keine Erleuchtung.

Dennoch unverzagt setzte ich mich also mit den Planern (Fassade, Hochbau, TGA) und dem Generalunternehmer für den Innen- und technischen Ausbau zusammen, um das Projekt anzugehen. Wie sich herausstellte, hatte kaum jemand mehr Ahnung von BIM als ich und um die Sache noch etwas zu verschärfen, verwendete jeder Akteur seine eigene Software. Damit lagen die besten Voraussetzungen vor, um mit dem Projekt zu scheitern. Keiner wusste, was BIM ist, geschweige denn, wie es geht.

2.1.2 Wie das Projekt das erste Mal gerettet wurde: DIN BIM Cloud

(www.din-bim-cloud.de, die Anmeldung ist kostenfrei)

Und wenn Du denkst, es geht nicht mehr, kommt von irgendwo ein Lichtlein her ... (Rainer Maria Rilke, „Lichtlein“). Wer kennt diesen Satz nicht? Und er traf wieder einmal zu. Es kam nämlich die Einladung von Gerald Faschingbauer (von ihm stammt Kapitel 3), mich mit anderen DIN-Kollegen in der praktischen Anwendung der DIN BIM Cloud bei ihm in Dresden schulen zu lassen. Ich hatte zwar in einem Flyer von DIN, der sich zu mir ins Baubüro verirrt hatte, gelesen, dass seit Oktober 2019 die DIN BIM Cloud online ist und sie offensichtlich mit BIM zu tun hat – aber mehr wusste und verstand ich nicht. Ich hatte ohnehin mehr als genug mit der Baustelle zu tun.

Das Zeichnen einer Wand mit Tür und Fenster und das Anhängen der Daten aus der DIN BIM Cloud an diese Bauteile war für mich quasi eine Offenbarung: Wenn BIM so funktioniert, ist es einfach und wir müssen es einfach nur machen. Dass es doch noch ein paar Fallstricke zu beachten gilt, haben wir auch lernen müssen.

Frage

Was ist die DIN BIM Cloud?

Antwort

Die DIN BIM Cloud ist eine kostenfreie Online-Bibliothek für Bauteileigenschaften. Sie bietet die Möglichkeit, sich an der Erweiterung der Daten zu beteiligen (Community).

Frage

Was ist daran so besonders?

Antwort

Eine Menge!

- Die umfangreiche Datenbasis der DIN BIM Cloud ist standardisiert, d. h., sie wird kontinuierlich mit der Erarbeitung des STLB-Bau Dynamische BauDaten (Standardleistungsbuch für das Bauwesen www.stlb-bau-online.de) an den aktuellen Stand der Baunormen angepasst. Bei Ausschreibungen für Projekte der öffentlichen Hand ist das STLB-Bau übrigens vorgeschrieben.
- Die DIN BIM Cloud enthält Daten für das Planen, Bauen, Facility Management und den Rückbau, also für den gesamten Lebenszyklus eines Gebäudes. Dazu gehören u. a. Daten für Tiefbau, Hochbau, Garten- und Landschaftsbau, technische Gebäudeausrüstung u. v. m.
- Sie enthält externe Links zu Baunormen und ist mit anderen Fachinformationen vernetzt.
- Sie unterstützt den standardisierten Datenaustausch, d. h., Du kannst Dein BIM-Projekt mit verschiedenen BIM-Akteuren austauschen und dabei spielt es (fast) keine Rolle, mit welcher Software diese arbeiten. Das nennt man auch **Open BIM**.
- Du kannst die Daten entweder per Copy und Paste in Dein Modell einfügen oder Du übernimmst sie ganz bequem mit dem DBD-BIM-Konfigurator (www.dbd-bim.de).
- Die DIN BIM Cloud macht BIM einfach, da alle Akteure auf die gleiche Datenbank zurückgreifen, und das bedeutet: ein Problem weniger!

Hier ein paar Screenshots und QR-Codes, wie Du schnell in die DIN BIM Cloud kommst:

a) www.din-bim-cloud.de eingeben, dann erscheint die Startseite mit dem Button „Neu anmelden“.

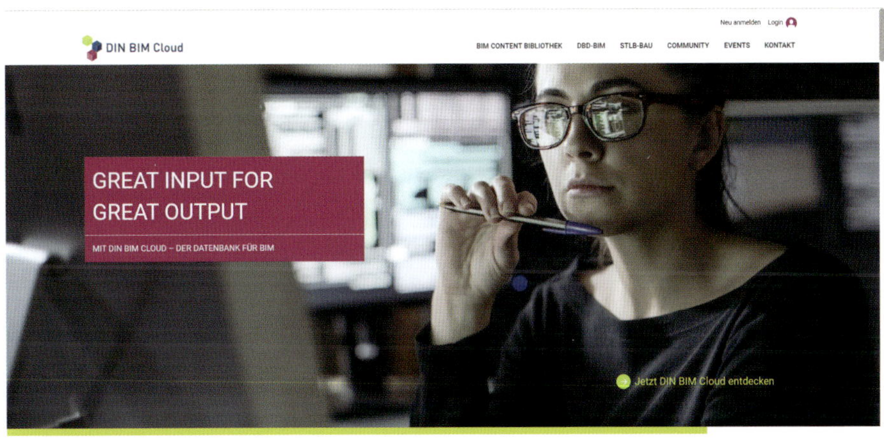

Quelle: www.din-bim-cloud.de

Bild 1: Anmeldung DIN BIM Cloud

b) Melde Dich mit Deinen Daten an.

c) Im Menü „BIM Content Bibliothek“ anklicken und es geht in die Welt der Daten.

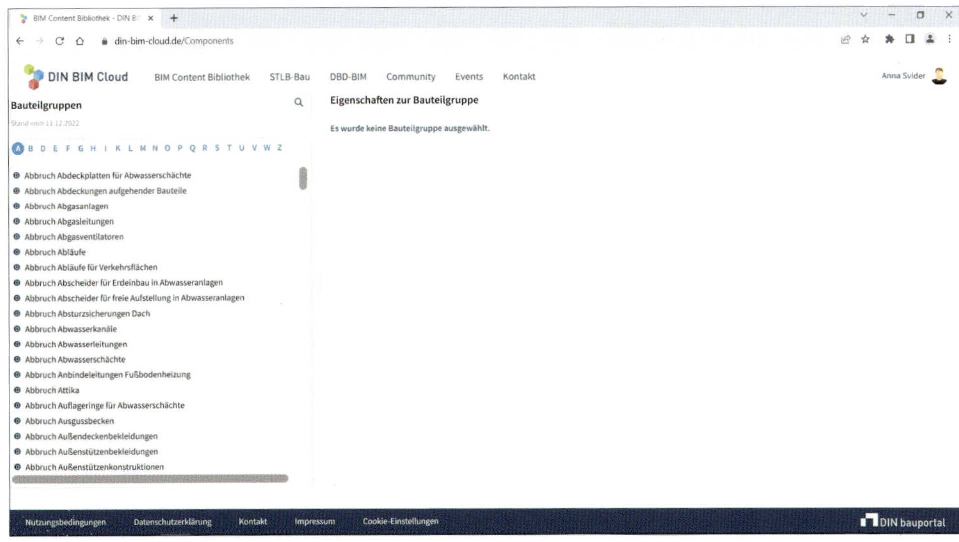

Quelle: www.din-bim-cloud.de

Bild 2: Content Bibliothek

d) Als Beispiel siehst Du hier die Türen mit ihren Merkmalen und Ausprägungen. Du kannst nun nach den Bauteilen suchen, die für Dich relevant sind.

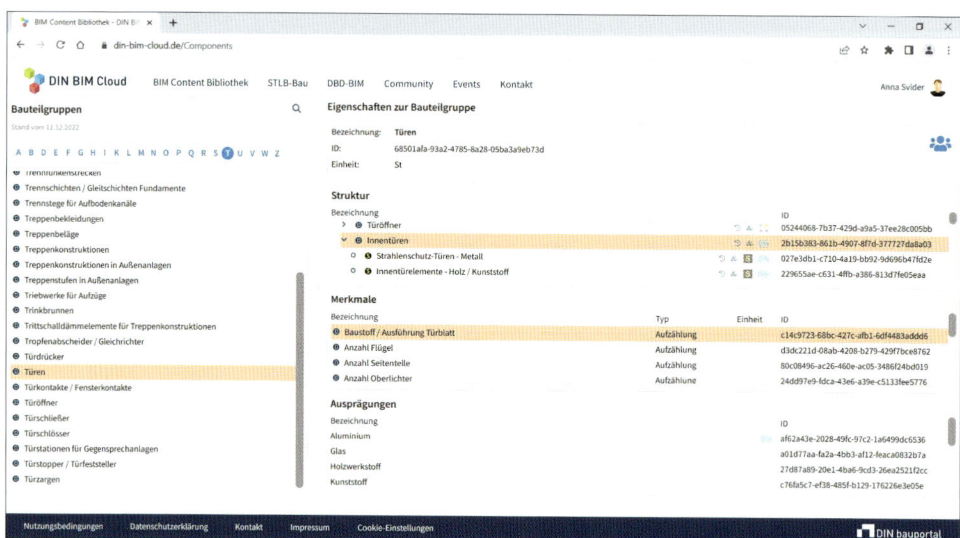

Quelle: www.din-bim-cloud.de

Bild 3: Bauteilgruppe Türen

e) Falls Du es lieber moderner haben möchtest:

Quelle: www.din-bim-cloud.de

Bild 4: Anmeldung DIN BIM Cloud

2.2 Das ist BIM!

Meine Definition:

> **Zitat**
>
> BIM ist ein Daten- und Informationsmanagement (meistens) in einem 3D-Modell, an dem viele Akteure mitarbeiten können.

Ich hatte eingangs erwähnt, dass es unsinnig war, vom GU eine BIM-fähige Dokumentation zu verlangen. BIM *ist* die Dokumentation! Da alle erforderlichen Daten der Bauteile im Modell erfasst werden können, wird keine separate Dokumentation benötigt.

Das Besondere daran ist, dass alle am Bauprojekt beteiligten Akteure mit diesem Modell arbeiten können, um zu planen, auszuschreiben, zu bauen, zu bewirtschaften und am Ende des Lebenszyklus zurückzubauen. Das bedeutet, dass die erforderlichen Daten nur einmal eingegeben werden und dass alle Beteiligten mit diesem Datenstand arbeiten und ihn bei Bedarf ergänzen oder ändern können.

Um die Datenmengen der vielen Akteure im Griff zu behalten, wird zu Beginn festgelegt, wofür die Daten benötigt werden; das ist der Anwendungsfall. Die hierfür zu erfassenden Daten sind die Austausch-Informations-Anforderungen (AIA). Dazu kommen wir später im Detail, das BIM-Projekt des DIN-Gebäudes behandelte den Anwendungsfall BIM für das Facility Management (BIM4FM).

Und hier noch mal in Kürze:

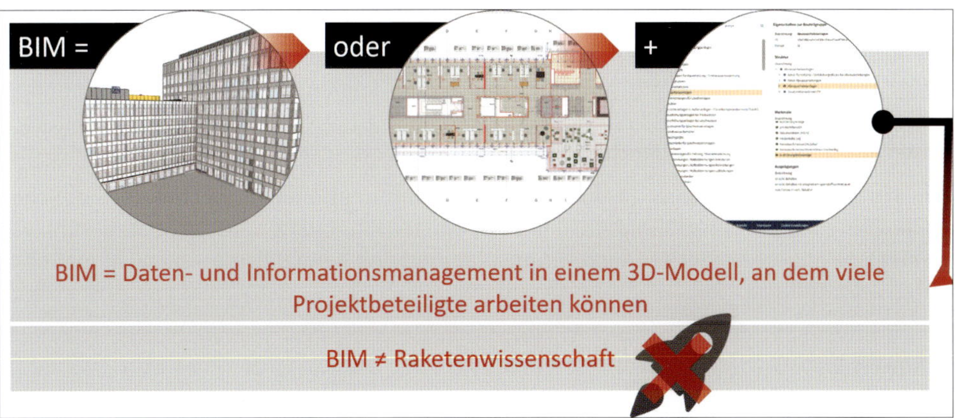

Quelle: Eigene Abbildung, Christine Proksch

Bild 5: Was ist BIM?

> **Ergebnis**
>
> Das Wichtigste: BIM ist keine Raketenwissenschaft!

Hinweis 1

Auch aus einer PDF-Datei kann BIM werden! Es gibt eine Software, mit der 2D ganz einfach in 3D umgewandelt wird und über DBD-BIM die Daten der DIN BIM Cloud ins Modell übertragen werden (www.dbd-online.de/dbd-kostenkalkuel).

2.2.1 Welche Informationen benötige ich?

Das ist die Frage aller Fragen um BIM einfach zu machen! In diesem Zusammenhang gibt es einige Begriffe, die Du vielleicht schon einmal gehört oder gelesen hast:

- Anwendungsfall
- AIA (Austausch-Informations-Anforderung, häufig auch Auftraggeber-Informations-Anforderung)
- LOG (Level of Geometry)
- LOI (Level of Information)
- IFC

Frage

Was bedeuten diese Begriffe?

2.2.2 Anwendungsfall

Der Anwendungsfall ergibt sich aus der jeweiligen Aufgabenstellung. Soll zum Beispiel eine Kostenschätzung erstellt werden, dann ist die Kostenschätzung der Anwendungsfall. Ein weiteres Beispiel ist die Ausführungsplanung oder das Erstellen des Leistungsverzeichnisses, aber auch der Betrieb gehört dazu.

Wichtig zu wissen ist, dass sich die notwendigen Informationen in den unterschiedlichen Anwendungsfällen unterscheiden. Bei einer Kostenschätzung sind die Daten sehr viel weniger detailliert als bei der Ausführungsplanung, und beim Betrieb sind nicht mehr alle Daten erforderlich.

Hinweis 2

Aus dem Anwendungsfall ergibt sich die Anforderung an die Austausch-Informations-Anforderungen (AIA). Ein Projekt kann mehrere Anwendungsfälle haben.

2.2.2.1 Unser Anwendungsfall: BIM für das Facility Management (BIM4FM)

Dieser Anwendungsfall stellte sich als eine absolute Ausnahme dar und unser Projekt gehörte zu den ganz wenigen, die konkret umgesetzt wurden, und nicht ein Forschungsprojekt einer Hochschule war. Soweit mein damaliger Wissenstand, inzwischen gibt es bereits mehrere durchgeführte Projekte.

2.2.3 AIA (Austausch-Informations-Anforderung, auch Auftraggeber-Informations-Anforderung)

Wie der Begriff Auftraggeber-Informations-Anforderung schon sagt, legt der Auftraggeber – in der Regel der Bauherr – fest, welche Daten er benötigt.

Erfahrungsgemäß wissen die meisten Auftraggeber jedoch nicht, welche Anwendungsfälle bei ihrem Projekt maßgebend sind und welche Daten hierfür benötigt werden. Das ist auch sehr verständlich, schließlich sind sie nur in den seltensten Fällen selbst Planer oder beschäftigen sich mit Bauausführungen. Als weiteres Problem stellt sich häufig heraus, dass die meisten Auftraggeber auch die BIM-Methode nicht kennen, und daher gelingt es ihnen häufig nicht, die möglichen Anwendungsfälle festzulegen, sodass auch die Angabe der notwendigen Daten entfällt. Die AIAs sind daher im Regelfall das Werk von Beratern, die die Anforderungen auf Grundlage ihrer Erfahrung erstellen und die in den meisten Fällen sehr allgemein gehalten sind.

Das Erstellen einer AIA ist sehr sinnvoll, um

- genau die Informationen zu erhalten, die benötigt werden,
- Datenmüll zu vermeiden,
- um die mit dem Modell verbundene Datenmenge möglichst klein zu halten und
- den Detaillierungsgrad des Modells festzulegen (LOI = Level of Information).

Hinweis 3

Je eindeutiger eine AIA, umso einfacher das Arbeiten mit BIM. Wenn es um die benötigten Bauteildaten geht, ist es am einfachsten, wenn alle Beteiligten die DIN BIM Cloud als Datenbasis nutzen.

2.2.4 LOG (Level of Geometry)

Unter Level of Geometry versteht man den Detaillierungsgrad eines Modells (Geometrie). Zeichne ich beispielsweise eine Innentür als eine Scheibe oder modelliere ich sie bis ins kleinste Detail, einschließlich Schlüsselloch im Beschlag? Je detaillierter das Modell, umso höher ist der Detaillierungsgrad. Bei der Gebäudeplanung spricht man häufig von LOG 100 (grob) bis 500 (sehr fein).

2.2.5 LOI (Level of Information), DIN EN 17412-1

Unter Level of Information versteht man die Datentiefe (Alphanumerik). Beispiel: Reicht die Angabe „Innentür“ oder brauche ich das Material, die Brandschutzklasse, die Art des Beschlags etc.

Hinsichtlich der Einteilung gelten die gleichen Regeln wie bei LOG.

Erläuterung

- Vorentwurfsmodell – LOG/LOI 100
- Entwurfsmodell – LOG/LOI 200
- Genehmigungsmodell – LOG/LOI 300
- Modell zur Angebotskalkulation – LOG/LOI 350 (optional)
- Ausführungsmodell – LOG/LOI 400
- As-built Modell – LOG/LOI 500

[Quelle: VDI 2552 Blatt 4, Ausgabe 2020-08]

Hinweis 4

Wird für das Facility Management aus einer Bestandsplanung ein BIM-Modell erstellt, genügt LOG 100.

Der LOI für FM-relevante Bauteile liegt bei 500, bei nicht relevanten Bauteilen ist ein LOI 100 oder LOI 200 ausreichend.

2.2.6 IFC

IFC steht für Industry Foundation Classes. IFC ist ein weitverbreiteter, auch mit der Norm DIN EN ISO 16739-1 eingeführter Standard, um Bauwerksinformationsmodelle zu erstellen. Bauliche und technische Anlagen können mittels IFC definiert und im Rahmen des Informationsaustausches weitergegeben werden.

Hinweis 5

Weitergehende Informationen findest Du unter: https://www.bauprofessor.de/fachthemen/bim-building-information-modeling/

2.3 Abstimmung mit den anderen Projektbeteiligten

Hinweis 6

Dieser Punkt ist bei BIM äußerst wichtig. Sofern die anzuwendenden Standards nicht klar definiert und vereinbart sind, entsteht schnell unnötiger zusätzlicher Aufwand.

2.3.1 Leitung des Projektes

In größeren BIM-Projekten gibt es einen BIM-Manager, BIM-Koordinator, einen in Anlehnung an DIN EN ISO 19650 ausgebildeten BIM-Experten oder mit ganz viel Glück einen nach DIN EN ISO 19650 zertifizierten BIM-Professional, der bereits Erfahrung aufweisen kann. Sollte das Projekt von einem Experten koordiniert werden, musst Du Dir über diesen Part keine großen Gedanken machen. Sollte die Position nicht besetzt sein, ist die regelmäßige Abstimmung mit allen Projektbeteiligten äußerst wichtig. Insbesondere ist zu klären:

- wer die Daten wofür benötigt,
- welche Daten benötigt werden (AIA),
- wie das Modell aussehen soll (LOG),
- wie der Daten-/Modelltransfer erfolgen soll (IFC)
- usw.

Aus eigener Erfahrung empfehle ich, zunächst nur ein kleines Teilmodell des geplanten Gebäudes zu erstellen um zu prüfen:

- Haben alle das gleiche Verständnis vom LOG?
- Stehen die Daten im richtigen Property Set? (Unbedingt die Modellierungsrichtlinien des Softwareherstellers beachten!)
- Sind alle relevanten Daten vorhanden?
- Ist sauber modelliert?
- Passen die Modelle zusammen (identischer Nullpunkt)?
- usw.

und das Wichtigste:

- Können die Daten beim Empfänger eingelesen und interpretiert (Fachbegriff: gemappt) werden?

2.3.2 Nutzung einer gemeinsamen Datenumgebung (häufig auch Plattform)

Wer die Möglichkeit hat, eine Plattform zu nutzen, auf die alle Projektbeteiligten zugreifen können, sollte diese auch verwenden. Die aktuellen (Teil-)Modelle sind so für jeden einsehbar und anhand der dort stattgefundenen Kommunikation können aktuelle Fragen oder Probleme aufgenommen werden. Das gesamte Projekt ist dort dokumentiert, sodass das mühsame Suchen in eigenen Mails oder Dateiordnern entfällt. Aus eigener Erfahrung kann ich sagen, dass das einen großen Mehrwert darstellt. Die Investition in eine solche gemeinsame Datenumgebung lohnt sich!

2.4 Fallstricke

Ich hatte eingangs mögliche Fallstricke bei der BIM-Methode erwähnt. Von meinen Erfahrungen aus dem BIM-Projekt des DIN-Gebäudes möchte ich hier berichten:

2.4.1 Was wir richtig gemacht haben

Wir hatten schon von AIAs gehört, wussten jedoch nicht, was sich dahinter verbirgt. Wir hatten – ohne es zu wissen – eine AIA erstellt, indem wir uns auf einen Detaillierungsgrad beim Modell und die Verwendung der DIN BIM Cloud als Datenbasis geeinigt haben, sowie in welches Property Set die Daten zu schreiben sind. Außerdem haben wir festgelegt, welchen Teilbereich des Gebäudes wir zum Testen verwenden und auch, wie die Daten aussehen/geschrieben werden müssen, die noch nicht in der DIN BIM Cloud enthalten waren (FM-spezifische Daten), um gemappt werden zu können. Ist ein Leerzeichen an der falschen Stelle, wird der Datensatz nicht gefunden. Das ist uns gelungen und wir waren richtig stolz auf unser BIM-Modell. Niemand konnte vorhersehen, dass diese Schritte nicht ausreichten, um das Mapping erfolgreich durchführen zu können.

Ansonsten wurde das Projekt wie jedes andere Projekt behandelt und geleitet (Wer übernimmt was, wann und wie?). Die Projektabwicklung mit der BIM-Methode nennt sich BAP (BIM-Abwicklungsplan); so weit so gut.

2.4.2 Was wir hätten wissen sollen

Unser Problem ergab sich aus der Nichtbeachtung einiger Punkte aus den Modellierungsrichtlinien der Softwarehersteller. Diese sind bei jedem Hersteller anders und nicht jede Software hat die gleiche BIM-Qualität, wie wir leider feststellen mussten.

Was das Projekt am Ende fast zum Scheitern gebracht hätte, waren die teilweise fehlenden IFC-Klassen (eindeutige Zuordnung eines Bauteils zu einer Bauteilklasse, z. B. IFC Wall für eine Wand), weil eine der verwendeten CAD-Softwares diese Zuordnung teilweise nicht übernahm. Diese fehlenden IFC-Klassen können durch den DBD-BIMKey, der mit dem Anklicken der Bauteildaten der DIN BIM Cloud automatisch erzeugt wird (dazu später mehr im praktischen Teil), ersetzt werden. Wenn diese CAD-Software beim IFC-Export auch noch neue Fehler produziert – dann hat man verloren. Viele Daten konnten zwar gemappt werden, es wusste aber niemand, wie viele Daten fehlen, die Kontrolle wäre ein Wahnsinnsaufwand gewesen. Und das war noch nicht alles: bei der BIM-schwachen Software war auch noch die räumliche Zuordnung verloren gegangen. Es gab also Daten, aber keiner wusste, wo sie hingehörten. Es war zum Heulen.

2.4.3 Wie das Projekt zum zweiten Mal gerettet wurde

Aber so schnell gibt die Frau vom Bau nicht auf. Dr. Christof Duvenbeck (er hat Kapitel 4 verfasst) hatte mir erklärt, dass mit den Modellen die eindeutigen IFC-Klassen oder der jeweilige DBD-BIMKey und die richtige Verortung der Bauteile mit dem IFC-Export in einem Koordinationsmodell, also einem Gesamtbauwerksmodell übertragen werden müssen. Mit einer der verwendeten Softwareanwendungen war das offensichtlich nicht möglich. Unsere Rettung war Graphisoft, an die ich mich ratsuchend gewandt hatte. Dort war man bereit, unsere Teilmodelle, die mit unterschiedlichen Softwarelösungen erstellt worden waren, in Archicad zu übernehmen und nachzubearbeiten. Daraufhin hat das Mapping funktioniert!

2.5 Fazit

Es war ein sehr langer und mühsamer Weg, um das Projekt erfolgreich umzusetzen. Das Facility Management ist heute über die Unterstützung durch BIM im CAFM glücklich, da es den Gebäude- und Anlagenbetrieb in vielen Teilen sehr erleichtert. BIM wird u. a. genutzt, um schnell erkennen zu können, zu welcher Anlage das Bauteil gehört, zu dem eine Störung gemeldet wurde, oder in welchem Bereich Wartungen der Brandschutzklappen fällig sind etc.

Einige Probleme hätten wir uns ersparen können, wenn alle Akteure mit einer hochwertigen BIM-fähigen Software gearbeitet hätten.

Wer die Modellierungsrichtlinien der Softwarehersteller lesen kann – und es auch tut – erspart sich ebenfalls viel Kummer. Manchmal fehlt nur ein Haken an der richtigen Stelle.

Standards helfen, um die Anwendung von BIM-Software und den Export der Daten nutzerfreundlich zu gestalten. Wir haben mit unserem Projekt schon weitere Standards initiiert und jeder kann daran mitarbeiten – auch Du! Weitere Informationen findest Du unter: https://www.din.de/de/mitwirken.

3 Wie gelangen Daten von der DIN BIM Cloud ins Modell?

Eine entscheidende Frage beim Modellieren ist, wie das Bauwerksinformationsmodell inhaltlich mit Merkmalen so angereichert wird, dass es für die Aufgaben des Planens, Bauens und Betreibens geeignet ist. Wie bereits in den vorigen Kapiteln beschrieben wurde, stehen in der DIN BIM Cloud umfangreiche Daten zur Beschreibung von Bauteilen zur Verfügung, die zudem mit dem Standard für die Leistungsbeschreibung „STLB-Bau – Dynamische BauDaten“ verlinkt sind. Wie diese Daten in ein Modell übertragen und für das modellbasierte Arbeiten genutzt werden können, wird in diesem Kapitel beschrieben.

3.1 Nutzung der DIN BIM Cloud „pur“

Die DIN BIM Cloud unterstützt Informationsbesteller (z. B. Auftraggeber) bei der Formulierung ihres Informationsbedarfs, und Informationsbereitsteller (z. B. Auftragnehmer) bei der Lieferung von Bauwerksinformationen.

Im Modul „BIM Content Bibliothek“ der DIN BIM Cloud stehen Bauteilgruppen, Merkmale und Ausprägungen der BIM-Klassifikation nach STLB-Bau sowie zugeordnete Teilleistungsgruppen, Merkmale und Ausprägungen nach STLB-Bau als „Datenvorlagen für Bauobjekte“ zur Verfügung. Die Merkmale und Ausprägungen können für die Erstellung von Informationsanforderungen durch Auftraggeber sowie zur Informationslieferung durch Planer und Bauausführende genutzt werden.

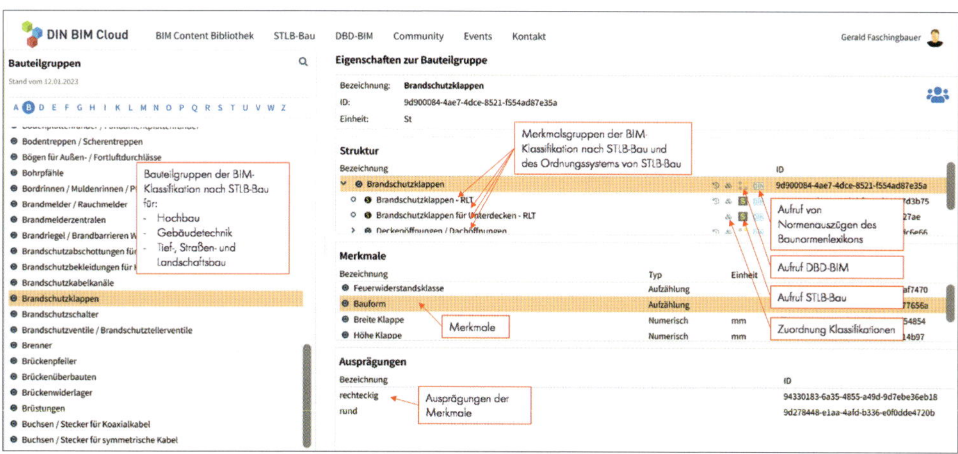

Quelle: www.din-bim-cloud.de, nachbearbeitet, Dr. Schiller & Partner GmbH – Dynamische BauDaten

Bild 6: Die BIM Content Bibliothek der DIN BIM Cloud

Zur fachlichen Unterstützung des Planens, Bauens und Betreibens im Prozess sind die Merkmale und Ausprägungen mit den relevanten Auszügen aus DIN-Normen im Baunormenlexikon verlinkt. Des Weiteren sind die jeweiligen Entsprechungen (Mappings) anderer wichtiger Klassifikationen, wie beispielsweise IFC, DIN 276, CAFM-Connect mit angegeben.

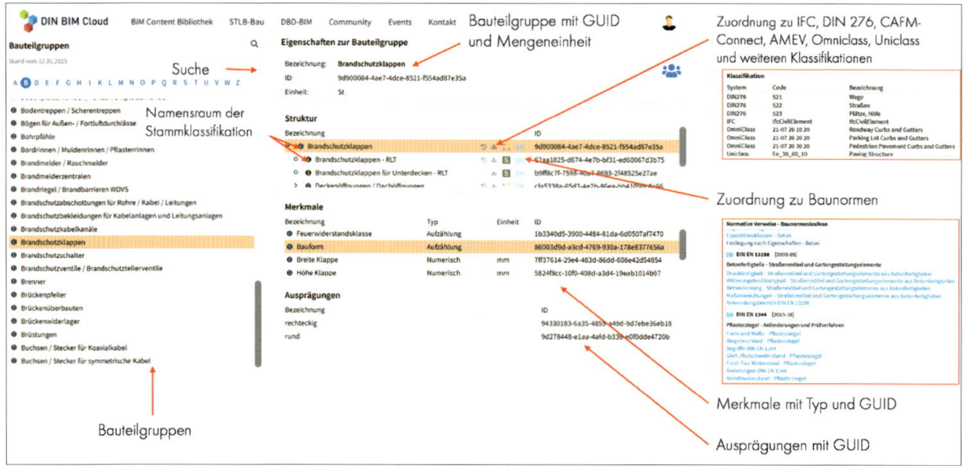

Quelle: www.din-bim-cloud.de, nachbearbeitet, Dr. Schiller & Partner GmbH – Dynamische BauDaten

Bild 7: Verlinkung zu Baunormenlexikon und Klassifikationen

Alle Merkmalsgruppen, Merkmale und Ausprägungen haben neben ihrem deutschsprachigen Bezeichner eine global eindeutige ID (GUID), um für die automatisierte Verwendung in Softwareapplikationen eine eindeutige Referenzierung zu ermöglichen.

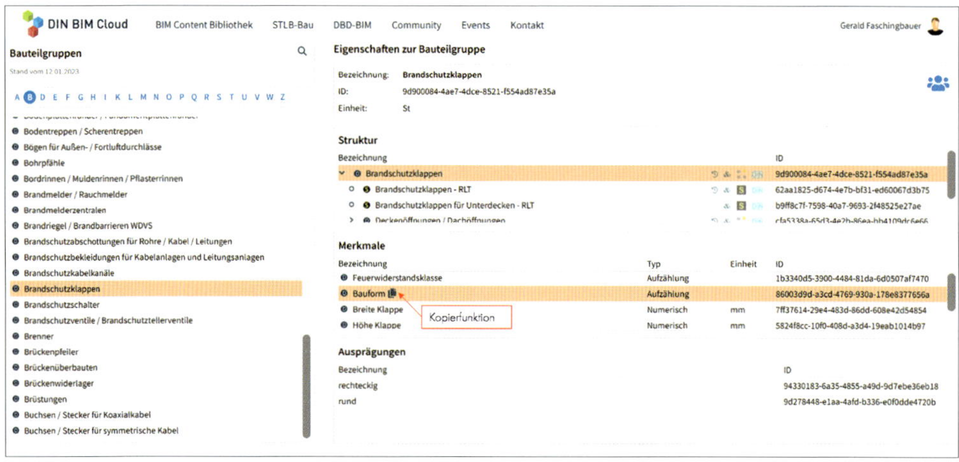

Quelle: www.din-bim-cloud.de, nachbearbeitet, Dr. Schiller & Partner GmbH – Dynamische BauDaten

Bild 8: BIM Content Bibliothek – Kopierfunktion

Anwender der DIN BIM Cloud können sowohl die deutschsprachigen Bezeichner als auch die GUIDs aller Merkmalsgruppen, Merkmale und Ausprägungen mithilfe einer Kopierfunktion entnehmen und in ihre Anwendung einfügen.

3.2 Der DBD-BIM-Konfigurator nach DIN BIM Cloud

Eine besonders komfortable Möglichkeit zur Arbeit mit den standardisierten Bauteildaten bietet der DBD-BIM-Konfigurator nach DIN BIM Cloud (kommerzielles Produkt).

Der DBD-BIM-Konfigurator ermöglicht Anwendern eine komfortable Nutzung standardisierter Daten für

- die Beschreibung von Bauteilen entsprechend der BIM-Klassifikation nach STLB-Bau,
- die Erstellung von STLB-Bau-kompatiblen Leistungsbeschreibungen im BIM-Prozess,
- die elementorientierte Kostenermittlung nach DIN 276 sowie
- die anlagen- und elementorientierte Kostenermittlung nach der TGA-KO.

Der Konfigurator ist Bestandteil der Software DBD-BIM, in der die standardisierten Daten für eine einfache und komfortable Anwendung aufbereitet sind. DBD-BIM ist über eine offene API als Modul bereits in vielfältigen Standard-Softwareanwendungen verschiedener Softwarehersteller nutzbar, wie beispielsweise Autodesk Revit, Archicad, Elitecad, SPIRIT, Autodesk Civil3D, AVANTI, RIB iTWO, Bechmann BIM, Bechmann AVA, California PRO, California X, NOVA AVA, AVA.relax, Sidoun Globe, GEBMAN, nextbau, 365bau, DBD-Connect, DBD-KostenKalkül, DBD-BaukostenApp und andere.

Der DBD-BIM-Konfigurator kann auch direkt aus der BIM-Content-Bibliothek der DIN BIM Cloud heraus aufgerufen werden. Neben den Bauteilgruppen ist ein direkter Link zur Konfiguration eingefügt.

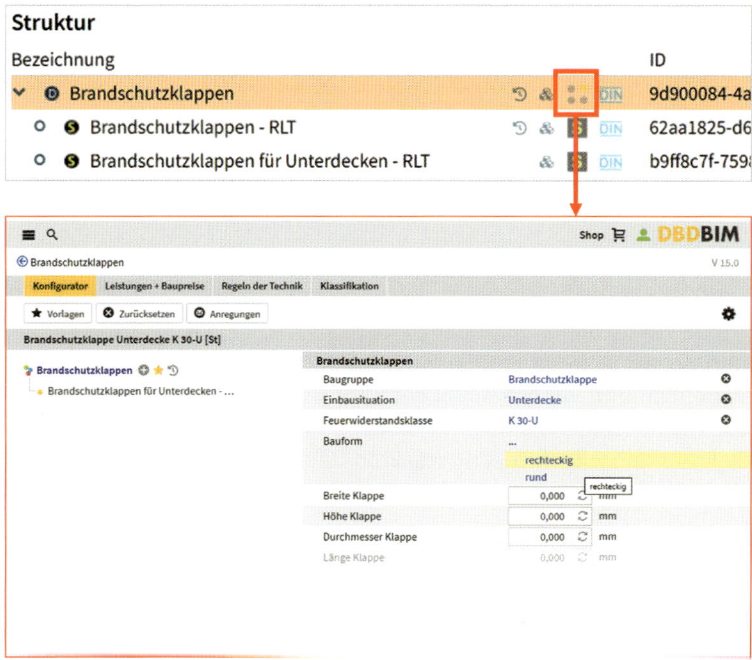

Quelle: www.din-bim-cloud.de, nachbearbeitet, Dr. Schiller & Partner GmbH – Dynamische BauDaten

Bild 9: Aufruf DBD-BIM aus der BIM Content Bibliothek

Der DBD-BIM Konfigurator ist auf diese Weise in der DIN BIM Cloud aus allen Bauteilgruppen heraus direkt erreichbar und für die Generierung eines DBD-BIMKey sowie einer Kurztextbeschreibung von Bauteilen nutzbar.

Die komfortable Nutzung erfolgt, wie bereits erwähnt, in BIM-Softwareanwendungen beispielsweise aus den Bereichen CAD, AVA oder FM.

Als Beispiel für eine CAD-Anbindung ist nachfolgend die Integration in Autodesk Revit dargestellt.

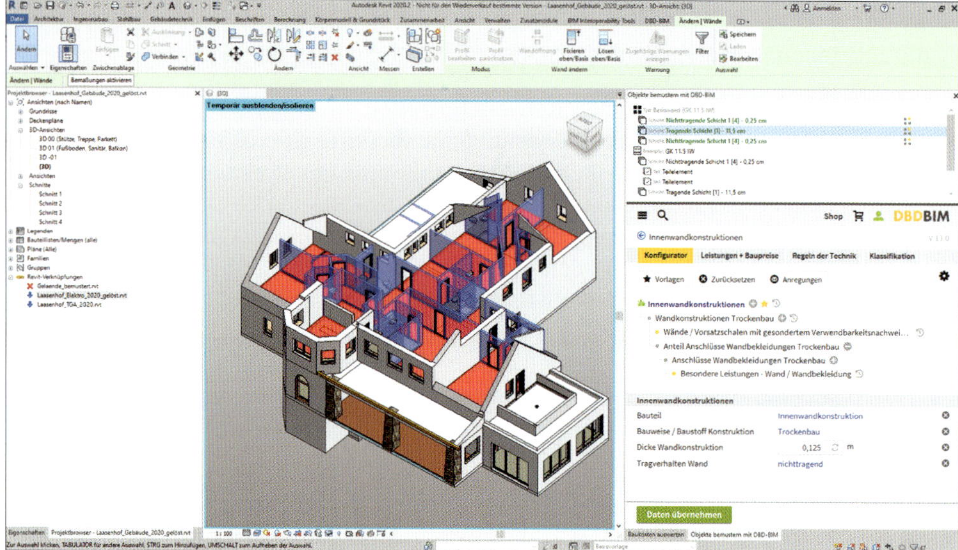

Quelle: DBD-BIM in der Software Revit © des Herstellers Autodesk™ , Dr. Schiller & Partner GmbH – Dynamische BauDaten

Bild 10: Bauteilbeschreibung mit DBD-BIM im CAD-System

In CAD-Anwendungen können Bauteile im Modell selektiert und mit DBD-BIM direkt beschrieben werden. Die standardisierten Merkmale nach DIN BIM Cloud werden dabei an das Modell geschrieben und können im Datenaustausch, z. B. per IFC, auch in andere Applikationen transportiert werden. Ein prominentes Beispiel der Weiterverarbeitung ist die Nutzung in AVA-Systemen. Dort werden die in der CAD vorgenommenen Einstellungen anhand eines Schlüssels (DBD-BIMKey) eindeutig wieder erkannt und über den DBD-BIM-Dialog direkt weiterbearbeitbar. Als eine von mehreren Beispielanwendungen aus dem AVA-Bereich ist nachfolgend California.pro abgebildet.

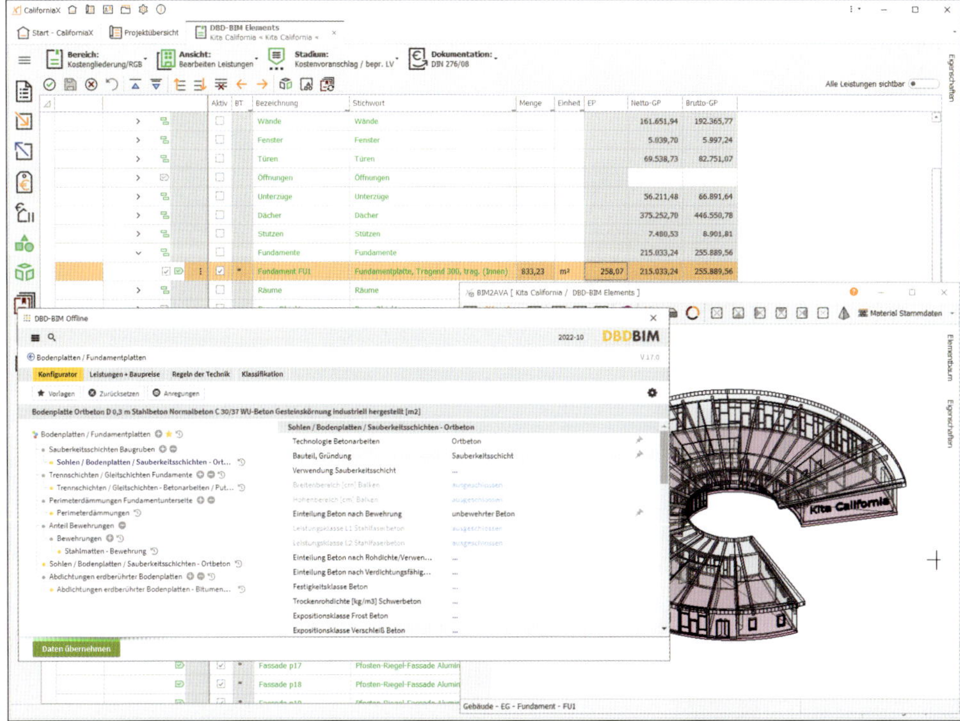

Quelle: DBD-BIM in der Software CALIFORNIA-X, bereitgestellt durch G&W Software AG

Bild 11: Nutzung von DBD-BIM im AVA-System

Die Bauteileigenschaften können hierbei entweder 1:1 übernommen oder direkt nachbearbeitet werden. Häufig ist es in der Arbeitsteilung so, dass ein Modell in der CAD bis zu einer bestimmten Detailtiefe vorbemustert wird und die Festlegung der Details im AVA-System erfolgt.

Die Anwendung von DBD-BIM erfolgt in allen Softwareanwendungen einheitlich. Die Daten an sich, die Benutzeroberfläche von DBD-BIM und die Softwarefunktionalitäten des DBD-BIM-Konfigurators sind in allen Applikationen gleich. Nutzer erfahren so einen gewissen Wiedererkennungs- und Wiederholungseffekt, unabhängig davon, in welcher Applikation sie DBD-BIM nutzen.

3.2.1 Zugriff auf standardisierte Bauteile

Die standardisierten Bauteilgruppen der DIN BIM Cloud sind über die Startseite von DBD-BIM auf verschiedenen Wegen erreichbar:

- Über die Textsuche werden Bauteilgruppen anhand von Suchbegriffen gefunden.
- Über „Bauteile“ ist ein Suchbaum erreichbar, der an der Struktur der DIN 276 angelehnt zu den Bauteilgruppen hinführt.
- Über Mustervorlagen, die vom Anwender selbst oder von Dritten hinterlegt wurden, können Bauteilgruppen mit vorgefertigten Konfigurationen aufgerufen werden.

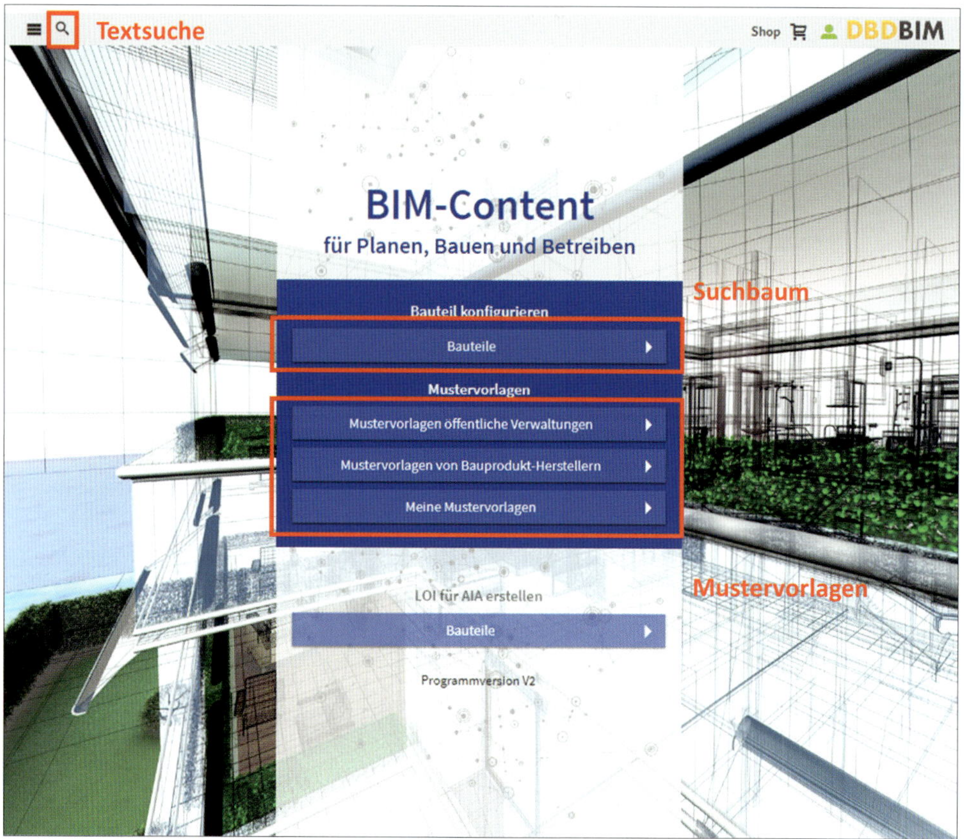

Quelle: DBD-BIM, Dr. Schiller & Partner GmbH – Dynamische BauDaten

Bild 12: Zugriffsmöglichkeiten auf die Bauteile der DIN BIM Cloud in DBD-BIM

3.2.2 Bauteile im Konfigurator spezifizieren

Bauteilgruppen mit dem „DIN BIM Cloud“-Symbol sind konform zum Namenskomplex I der DIN BIM Cloud („BIM-Klassifikation nach STLB-Bau“). Bauteilgruppen mit grünem Symbol sind ein zusätzliches Angebot von DBD-BIM, die nicht dem DIN BIM Cloud-Standard entsprechen.

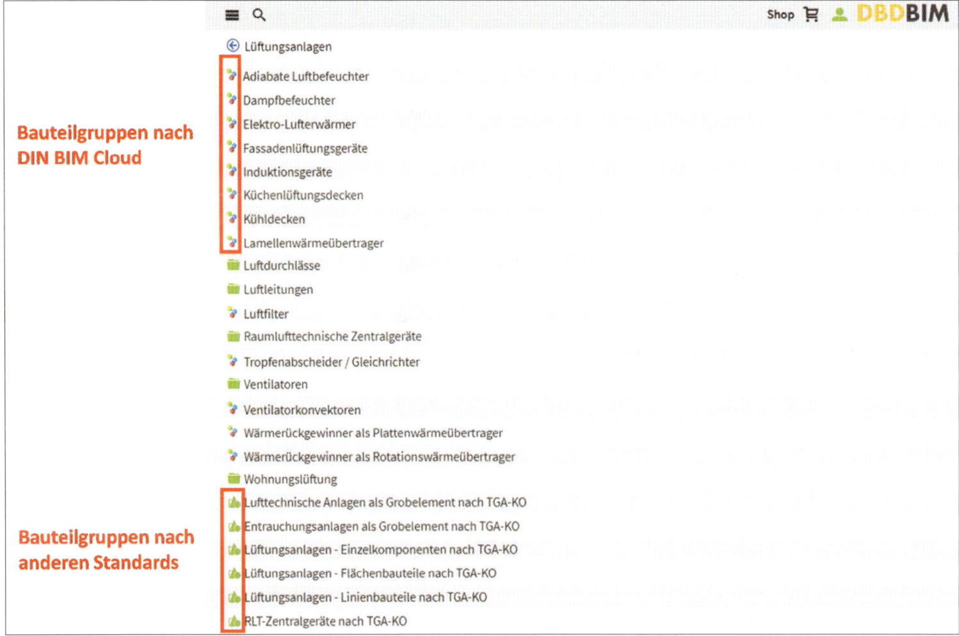

Quelle: DBD-BIM, Dr. Schiller & Partner GmbH – Dynamische BauDaten

Bild 13: Unterscheidung Bauteilgruppen der DIN BIM Cloud von anderen Bauteilgruppen

Nachdem eine Bauteilgruppe nach DIN BIM Cloud ausgewählt wurde, lädt DBD-BIM die zugehörigen Merkmale in den Konfigurator. Die Merkmale können vom Nutzer mit Ausprägungen belegt werden.

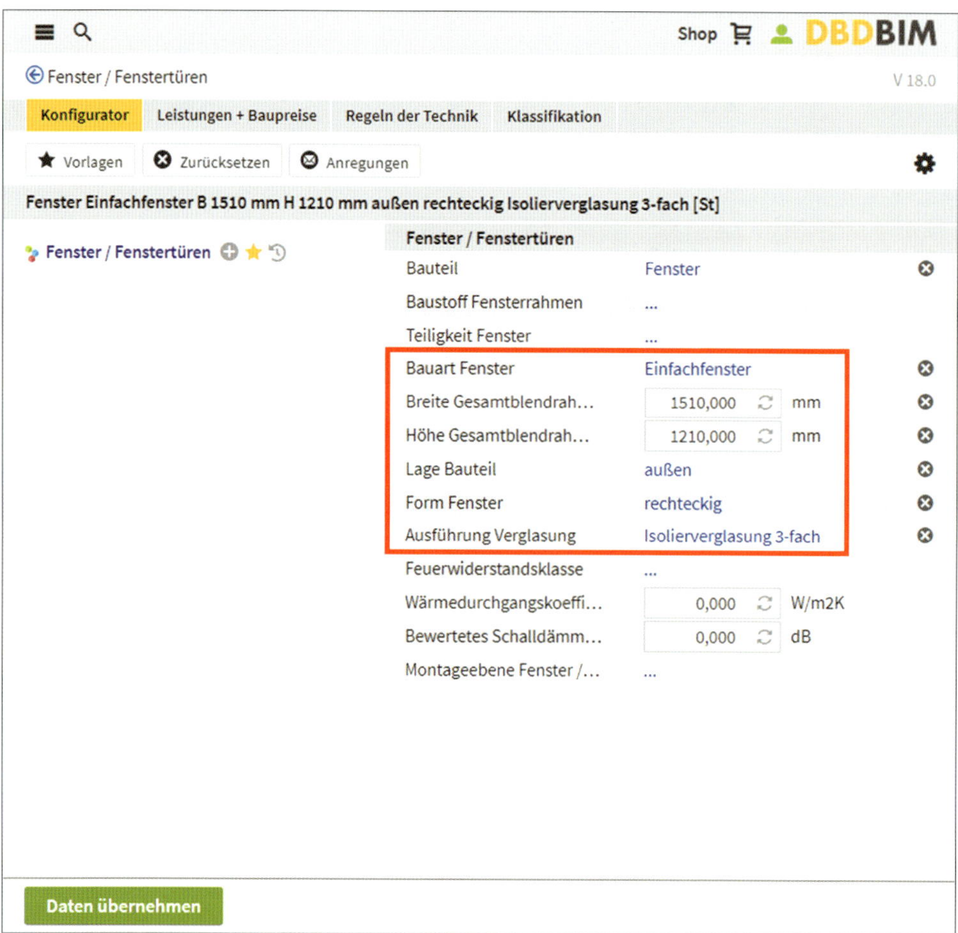

Quelle: DBD-BIM, Dr. Schiller & Partner GmbH – Dynamische BauDaten

Bild 14: Beschreibung eines Fensters mit Merkmalen und Ausprägungen

Anwender können nun die hinterlegten Merkmale, wie z. B. die Bauart des Fensters, dessen Breite und Höhe, die Lage und Form sowie die Ausführung der Verglasung komfortabel spezifizieren (Bild 15). Ein hinterlegtes Regelwerk schließt dabei nicht ausführbare Kombinationen aus.

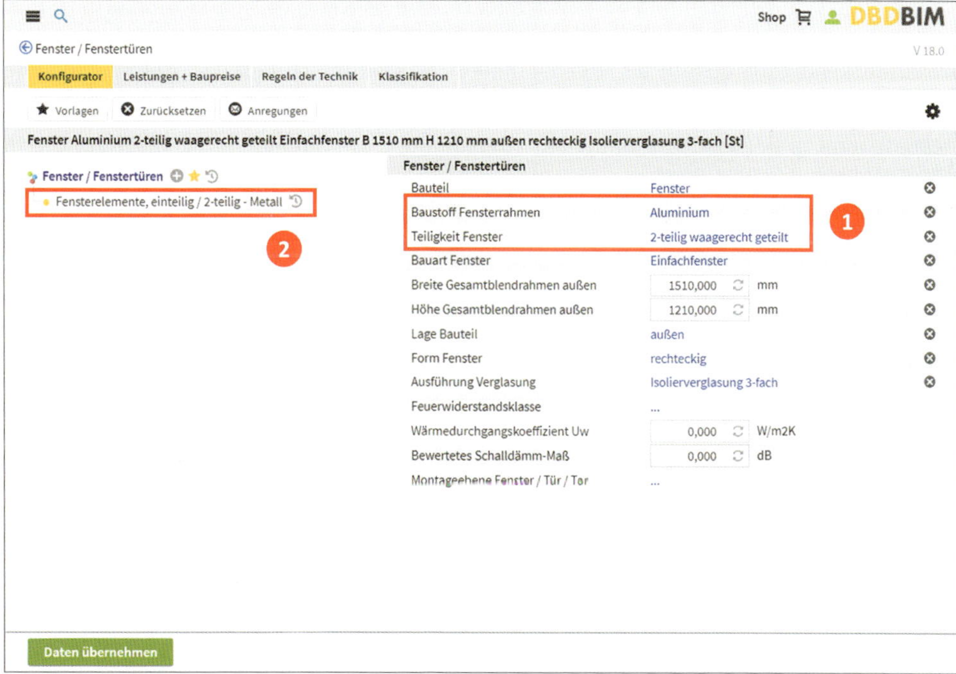

Quelle: DBD-BIM, Dr. Schiller & Partner GmbH – Dynamische BauDaten

Bild 15: Steuernde Merkmale zur Verlinkung von Teilleistungsgruppen

Einige Merkmale, wie in diesem Beispiel der „Baustoff" und die „Teiligkeit" haben über das reine Beschreiben eines Bauteils hinaus eine besondere Funktion.

Diese Merkmale dienen dazu, eine passende Teilleistungsgruppe nach STLB-Bau (Namenskomplex II der DIN BIM Cloud) zu finden, mit der nicht nur eine detailliertere Informationstiefe erreicht wird, sondern zusätzlich auch die Brücke zur Leistungsbeschreibung geschlagen wird. Teilleistungsgruppen nach STLB-Bau sind in DBD-BIM mit einem gelben Punkt gekennzeichnet. In diesem Beispiel führen die Angabe des Baustoffs „Aluminium" und der Teiligkeit „2-teilig waagerecht geteilt" zur Teilleistungsgruppe „Fensterelemente, einteilig / 2-teilig – Metall".

Bei der Festlegung anderer Werkstoffeigenschaften für das Fenster werden automatisch andere Teilleistungsgruppen gewählt.

Mit „Daten übernehmen" können die mit DBD-BIM konfigurierten Beschreibungen an das Anwendungsprogramm übertragen werden und sind dort danach auch ohne Verbindung zu DBD-BIM verfügbar. Die Daten werden sowohl in menschenlesbarer als auch maschinenlesbarer Form an das Anwendungsprogramm übergeben. Sämtliche Einstellungen zu einem Bauteil werden in einem eindeutigen Schlüssel (DBD-BIMKey) codiert. Dieser Schlüssel ermöglicht jederzeit die Nachbearbeitung der Spezifikationen. Der Umgang mit dem „DBD-BIMKey" ist dabei natürlich nicht die Aufgabe des Anwenders, sondern Aufgabe der Softwareanwendung, mit der DBD-BIM genutzt wird.

Häufig stellt sich beim Modellieren die Frage, welche Bauteile im Modell geometrisch dargestellt werden sollen. Wie tief soll man gehen? Modelliert man den Wasserhahn eines Waschbeckens geometrisch als eigenständiges Bauteil im 3D-Modell? Werden Türgriffe oder Fensterstürze einzeln modelliert? Im Regelfall wird so nicht vorgegangen.

Deshalb sind in den meisten Bauteilen sogenannte „Komponenten" vorgesehen, die in DBD-BIM über das Plus-Symbol aufgerufen werden können.

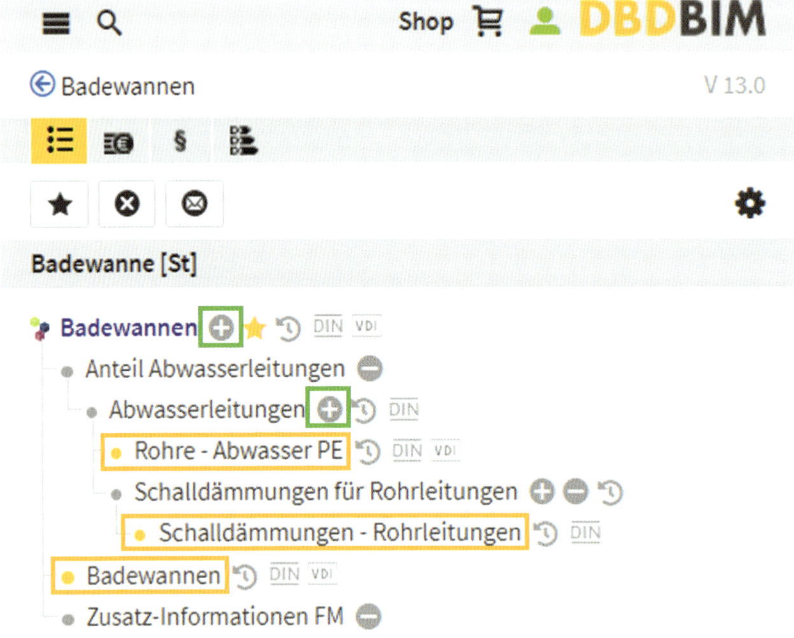

Quelle: DBD-BIM, Dr. Schiller & Partner GmbH – Dynamische BauDaten

Bild 16: Nutzung von „Komponenten" am Beispiel Badewanne

Am Beispiel der Badewanne wird deutlich, dass neben dem Bauteil „Badewanne" auch noch die Komponente „Anteil Abwasserleitung" hinzugefügt werden kann. Weiterhin ist es möglich, der Komponente Abwasserleitung wiederum eine Komponente „Schalldämmung" hinzuzufügen. Damit lassen sich beliebig komplexe Bauteile „alphanumerisch" konfigurieren, ohne dass eine geometrische Modellierung der einzelnen Bauteile notwendig ist.

Am Beispiel einer Tür kann das auch wie folgt aussehen:

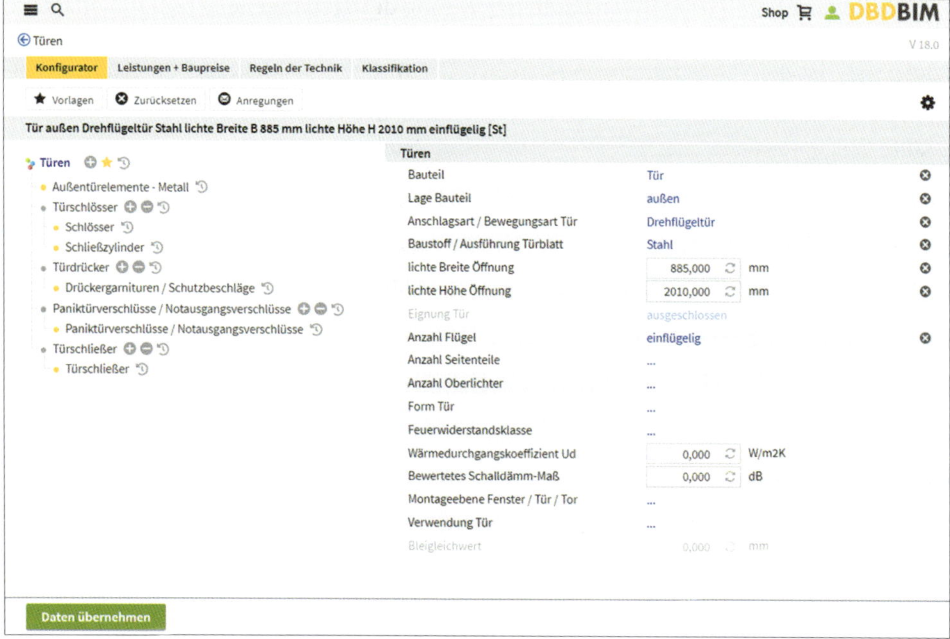

Quelle: DBD-BIM, Dr. Schiller & Partner GmbH – Dynamische BauDaten

Bild 17: Nutzung von „Komponenten" am Beispiel „Türen"

Im 3D-Modell muss dabei lediglich ein einfaches geometrisches Objekt für die Tür an sich platziert werden. Zusätzliche Komponenten wie Türdrücker, Türschlösser, Paniktürverschlüsse und Türschließer werden an der Beschreibung der Tür in DBD-BIM als Zusatzkomponenten angehängt.

Die Tür ist damit mit allen Komponenten und ihren zugehörigen Informationen eindeutig beschrieben, ohne dass sie mit ihrer detaillierten 3D-Geometrie dargestellt werden muss. Das vereinfacht nicht nur die Arbeit für den Anwender, sondern entlastet auch die Rechenzeit des Computers, was bei großen Modellen durchaus ein relevanter Punkt ist.

3.3 Mustervorlagen verwenden

Das schrittweise Konfigurieren von Bauteilen, wie im vorangegangenen Abschnitt erläutert, ist eine von mehreren Möglichkeiten, Bauteile mit DBD-BIM zu beschreiben. Eine weitere Möglichkeit ist die Verwendung von Mustervorlagen. Dabei können in DBD-BIM vier verschiedene Arten von Mustervorlagen verwendet werden:

- DBD-Mustervorlagen
- Mustervorlagen öffentliche Verwaltungen
- Mustervorlagen von Bauprodukt-Herstellern
- „Meine“ Mustervorlagen

3.3.1 DBD-Mustervorlagen

Mit den DBD-Mustervorlagen werden typische Bauweisen herstellerneutral abgebildet. Diese Mustervorlagen sind im Standardumfang von DBD-BIM enthalten. Damit erhältst Du einen idealen Einstieg in die Bauteilkonfiguration und kannst mit den Möglichkeiten des Änderns und des Hinzufügens von Komponenten die Musterkonfiguration individuell anpassen.

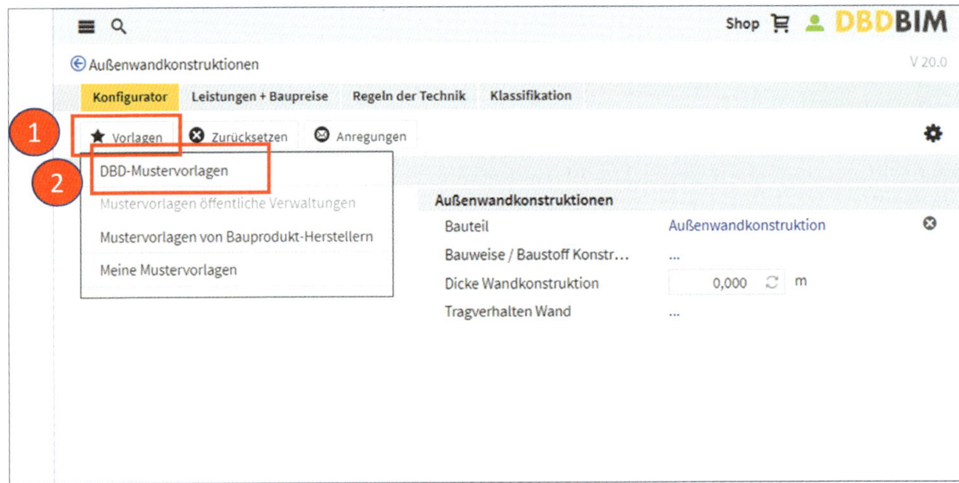

Quelle: DBD-BIM, Dr. Schiller & Partner GmbH – Dynamische BauDaten

Bild 18: Zugriff auf DBD-Mustervorlagen

3.3.2 Mustervorlagen öffentliche Verwaltungen

In diesem Bereich werden Mustervorlagen veröffentlicht, die sich an Ordnungssystemen der öffentlichen Verwaltungen orientieren. Hierüber ist unter anderem der Zugang zu Positionen nach TGA-KO oder nach AKVS möglich.

Quelle: DBD-BIM, Dr. Schiller & Partner GmbH – Dynamische BauDaten

Bild 19: Mustervorlagen öffentliche Verwaltungen

3.3.3 Mustervorlagen von Bauproduktherstellern

Auch Hersteller von Bauprodukten haben die Möglichkeit, ihre Produkte in DBD-BIM kompatibel zur DIN-BIM Cloud mit den hinterlegten Merkmalen und Ausprägungen zu beschreiben und darzustellen. Hersteller können dabei ihren eigenen Suchbaum in DBD-BIM abbilden.

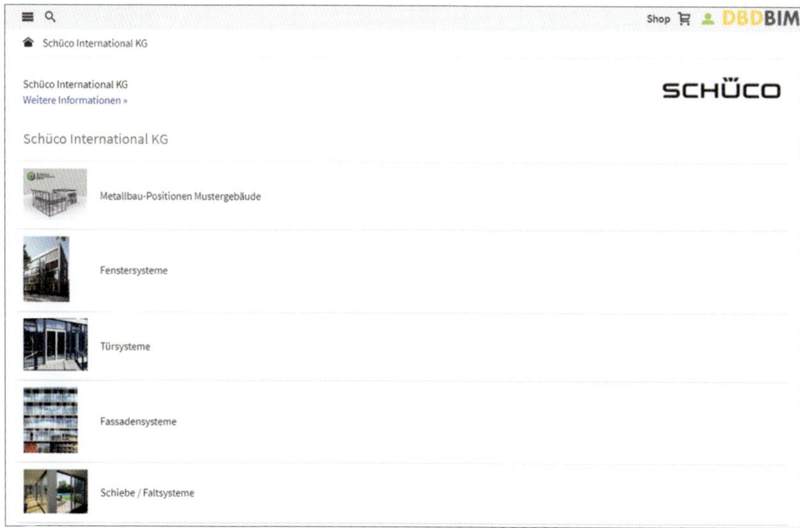

Quelle: DBD-BIM, Dr. Schiller & Partner GmbH – Dynamische BauDaten

Bild 20: Suchbaum Hersteller-Mustervorlagen

Die Bauprodukte werden mit den Merkmalen und Ausprägungen von DBD-BIM verlinkt und mit zusätzlichen Informationen des Herstellers hinterlegt.

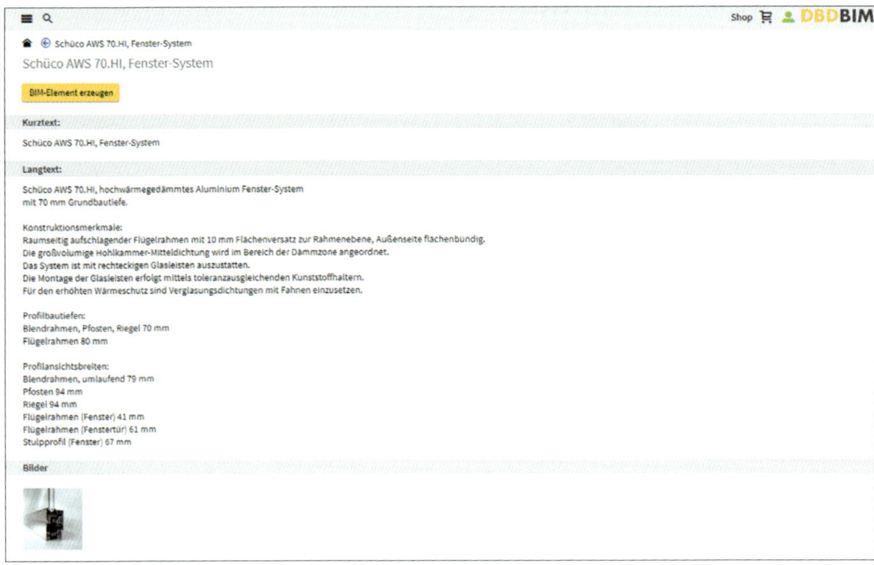

Quelle: DBD-BIM, Dr. Schiller & Partner GmbH – Dynamische BauDaten

Bild 21: Fachinformationen zum Bauprodukt

Durch Aktivierung der Verlinkung zu den Dynamischen BauDaten über „BIM Element erzeugen“ kann letztendlich eine zum Bauprodukt passende DBD-BIM-Beschreibung nach Standard erzeugt werden.

Quelle: DBD-BIM, Dr. Schiller & Partner GmbH – Dynamische BauDaten

Bild 22: Aus Hersteller-Mustervorlage erzeugte Konfiguration nach DIN BIM Cloud

3.3.4 Meine Mustervorlagen

Auch vom Nutzer selbst erstellte Bauteilkonfigurationen können für die künftige Verwendung in DBD-BIM gespeichert werden. Sie stehen dann im Bereich „Meine Mustervorlagen" zur Nutzung zur Verfügung. Nutzer haben dabei auch die Möglichkeit, ihre Mustervorlagen innerhalb ihrer Firmenlizenz mit ihren Kollegen zu teilen.

3.4 Modellbasierte Leistungsbeschreibung und Kostenermittlung

Die standardisierten Bauteileigenschaften der BIM-Klassifikation nach STLB-Bau strukturieren Bauteiltypen so, dass sie zu den Bauleistungen nach STLB-Bau passen. In der DIN BIM Cloud ist diese Verbindung zwischen Bauteilen und Leistungen sichtbar. DBD-BIM verknüpft diese Bauteilgruppen mit den Bauleistungen zusätzlich über eine Mengenrezeptur. So entstehen aus der standardisierten Bauteilbeschreibung automatisch Elemente mit Teilleistungen nach STLB-Bau inklusive Mengenfaktoren, Kurztext, STLB-Bau-Schlüssel und regionalen DBD-Orientierungspreisen, die direkt in DBD-BIM angezeigt werden.

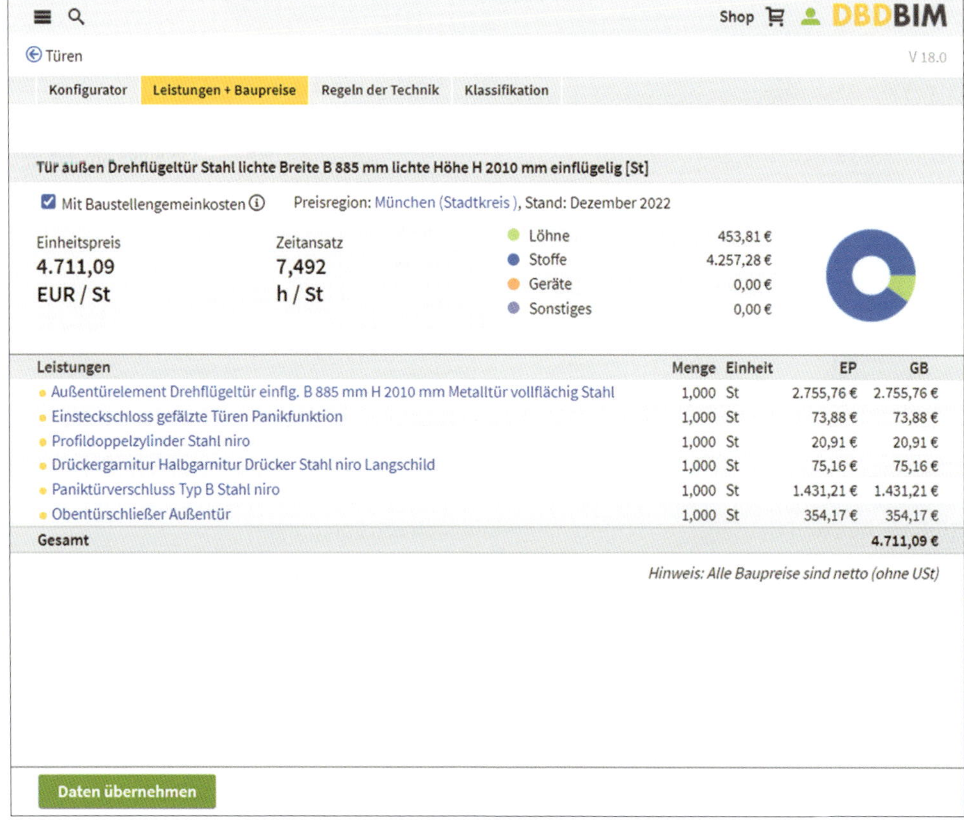

Quelle: DBD-BIM, Dr. Schiller & Partner GmbH – Dynamische BauDaten

Bild 23: Bauleistungen und Baupreise passend zum Bauteil

Für den überwiegenden Teil der Bauteile in DBD-BIM sind DBD-Orientierungspreise hinterlegt. Je tiefer der Detailgrad der Bauteilbeschreibung ist, umso treffsicherer können Preise zu Bauteilen und Leistungen ermittelt werden. Zur Berechnung von Baupreisen muss das Bauteil mindestens so detailliert spezifiziert werden, dass Leistungen ermittelt werden können.

Ist eine Leistung vorhanden, werden automatisch regionale Orientierungspreise angegeben. Die Preise sind aufgegliedert in die Preisanteile Löhne, Stoffe, Geräte und Sonstiges, inklusive der Angabe des Zeitansatzes. Auch diese Daten werden über die DBD-BIM-API an die Anwendungssoftware übertragen.

Aus dem Bezug zwischen Bauteileigenschaften und Bauleistungen ergibt sich die Verbindung zwischen dem BIM-Modell und dem Leistungsverzeichnis. Aus den in DBD-BIM mitgelieferten zahlreichen Verknüpfungen zwischen den Bauteilgruppen und den Teilleistungsgruppen, werden die konkreten Verknüpfungen zwischen den Bauteilen im Modell und den konkreten Positionen für das Leistungsverzeichnis abgeleitet.

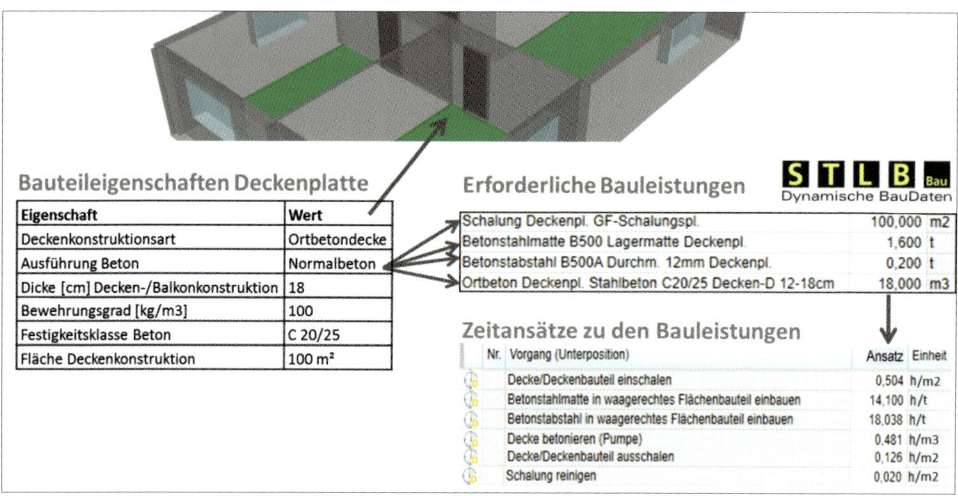

Quelle: Dr. Schiller & Partner GmbH – Dynamische BauDaten

Bild 24: Aus den Bauteileigenschaften ergeben sich die Leistungen

Mithilfe eines AVA-Systems und STLB-Bau können die aus dem Modell erzeugten Kurztext-LVs teilautomatisiert zu kompletten Leistungsverzeichnissen, inklusive Langtext, weiterverarbeitet werden. Hierbei hilft die BIM-kompatible Struktur von STLB-Bau.

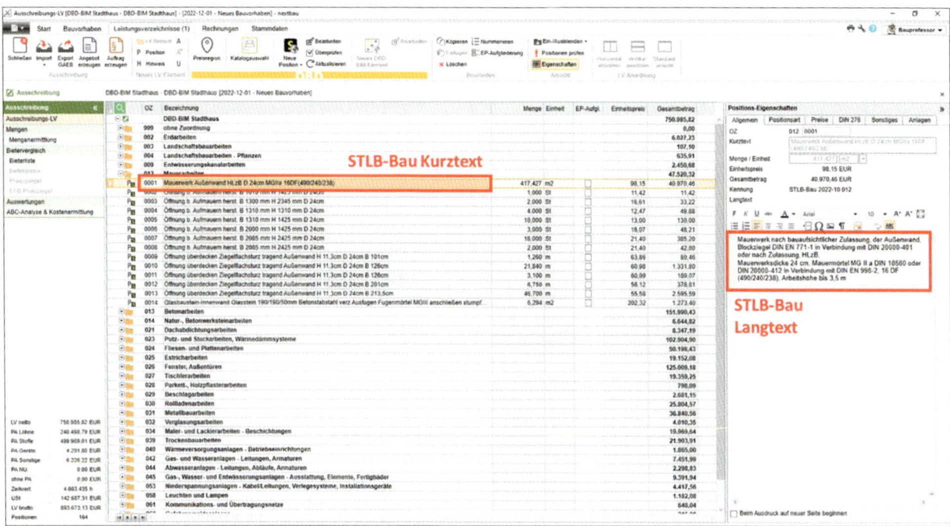

Quelle: nextbau, bereitgestellt durch f:data GmbH

Bild 25: STLB-Bau-Texte im Leistungsverzeichnis

STLB-Bau Dynamische BauDaten ist ein interaktives Werkzeug zur standardisierten Beschreibung von Bauleistungen. Es wird von Arbeitskreisen des GAEB (Gemeinsamer Ausschuss Elektronik im Bauwesen) aufgestellt, durch Dr. Schiller & Partner GmbH datentechnisch umgesetzt und durch DIN Deutsches Institut für Normung e. V. herausgegeben.

Anders als herkömmliche Sammlungen vorgefertigter und damit statischer Leistungsbeschreibungen ermöglicht STLB-Bau die Bildung mehrerer Millionen DIN- und VOB-gerechter Ausschreibungstexte nach Vorgaben des Anwenders. Auf Basis integrierter Regeln ergeben sich fachlich stimmige Leistungsbeschreibungen. Auf die gleiche Weise können auch bereits zusammengestellte Texte problemlos ergänzt und verändert werden. Die neutrale Sprache STLB-Bau ist konform zu den Allgemeinen Technischen Vertragsbedingungen (ATV) der VOB Teil C und den technischen Anforderungen in Form von Normen, Zulassungen und technischen Spezifikationen (TS).

Das Besondere an STLB-Bau sind seine modellbasierten Texte. Sie sind die Grundvoraussetzungen für die dynamische Verknüpfbarkeit der Bauteilbeschreibung im Bauwerksmodell mit dem Leistungstext im LV. Das Bild 26 zeigt den Zusammenhang zwischen den Merkmalen und Ausprägungen von STLB-Bau und dem daraus entstehenden Kurz- und Langtext. Hierbei wird auch ersichtlich, dass STLB-Bau Dynamische BauDaten nicht nur ein Ausschreibungstextsystem ist, sondern auch ein Ordnungs- und Wissenssystem. Der Text entsteht im Kontext der Merkmale, die wiederum eine Auswahl an Ausprägungen zulassen. Eine interne Logik verhindert unvereinbare Ausprägungskombinationen, und damit auch Texte, die in sich nicht schlüssig sind.

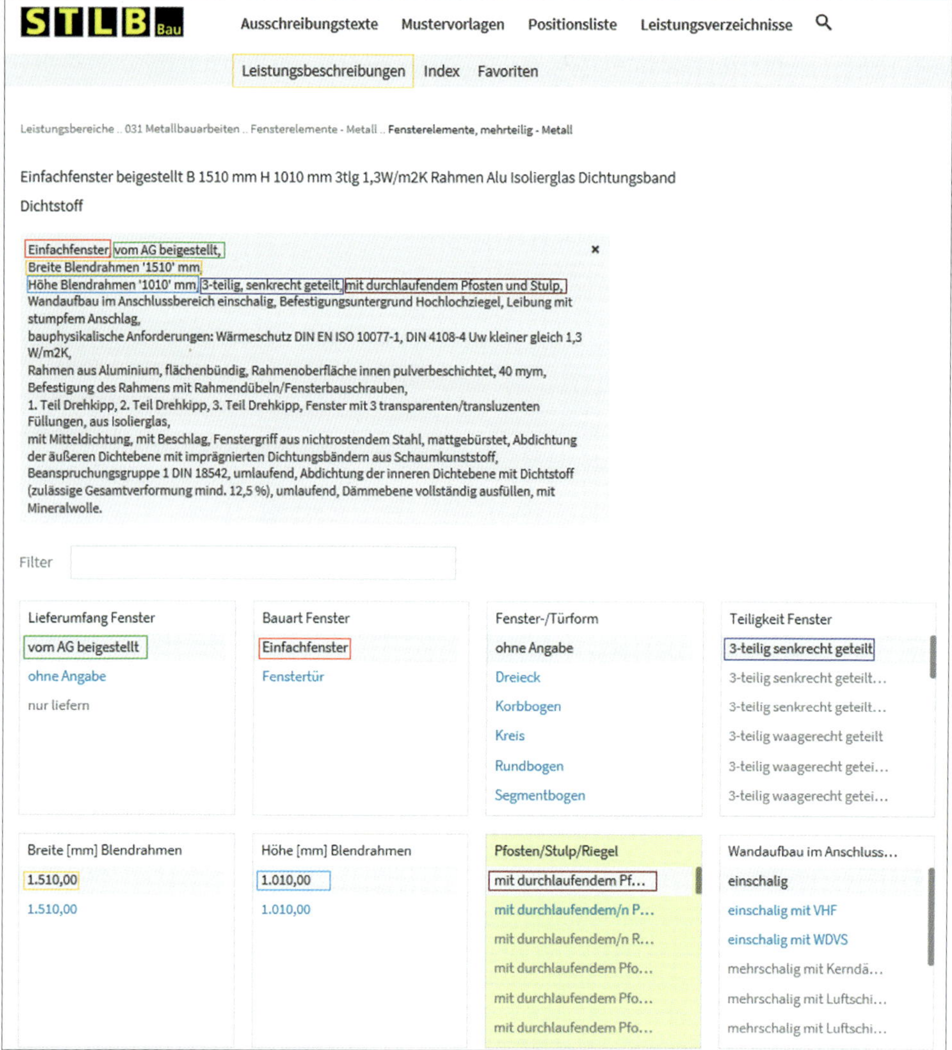

Quelle: www.stlb-bau-online.de, bearbeitet durch Dr. Schiller & Partner GmbH – Dynamische BauDaten

Bild 26: STLB-Bau Text mit zugrunde liegendem Modell

3.5 Umgang mit weiteren Klassifikationen neben der DIN BIM Cloud

Den Merkmalsgruppen, Merkmalen und Ausprägungen sind sowohl in der DIN BIM Cloud als auch in DBD-BIM die Entsprechungen aus anderen relevanten Klassifikationssystemen zugeordnet.

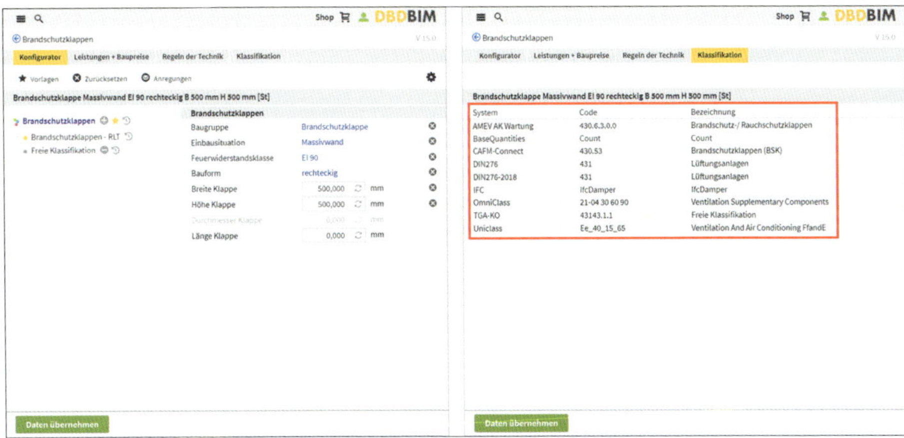

Quelle: DBD-BIM, Dr. Schiller & Partner GmbH – Dynamische BauDaten

Bild 27: Verlinkte Klassifikationen passend zur Bauteilgruppe

Soweit ein Bauteil in DBD-BIM detailliert genug beschrieben ist, werden externe Klassifikationen, z. B. die Kostengruppen nach DIN 276, mit ausgegeben. Die Kostengruppen können von der BIM-Anwendungssoftware, wie im nachfolgenden Beispiel dargestellt, zur Strukturierung von Kostenermittlungen genutzt werden.

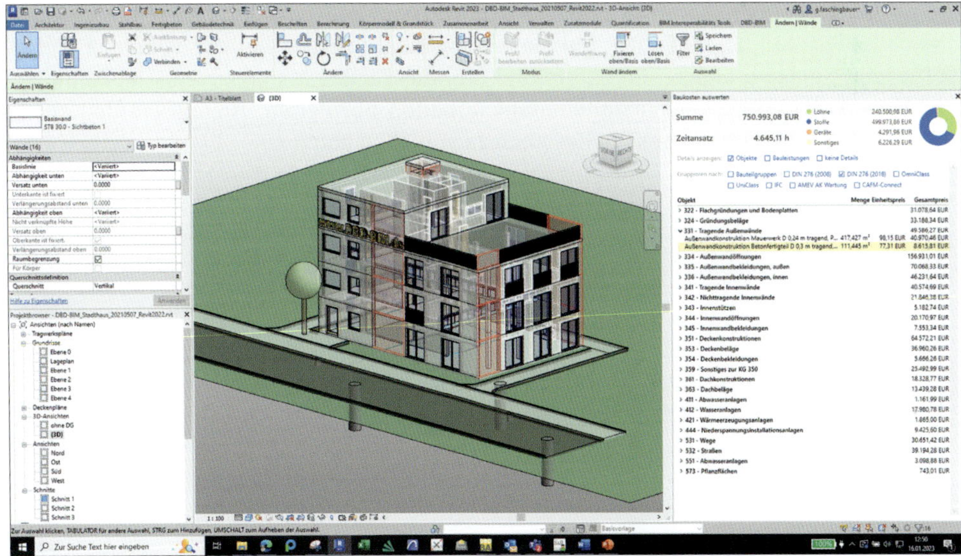

Quelle: DBD-BIM in der Software Revit © des Herstellers Autodesk™, Dr. Schiller & Partner GmbH Dynamische BauDaten

Bild 28: Nutzung der Klassifikation DIN 276 zur Strukturierung von Baukosten

Die Nutzung von Kostengruppen nach DIN 276 als Klassifikation für den Anwendungsfall der Kostenermittlung ist sehr eingängig, da sie in der Praxis bereits alltäglich ist. Aber auch die anderen Klassifikationen haben einen praktischen Nutzen. Die Angabe der zugeordneten IFC-Klassen dient der Unterstützung des IFC-Exports aus Softwareanwendungen heraus.

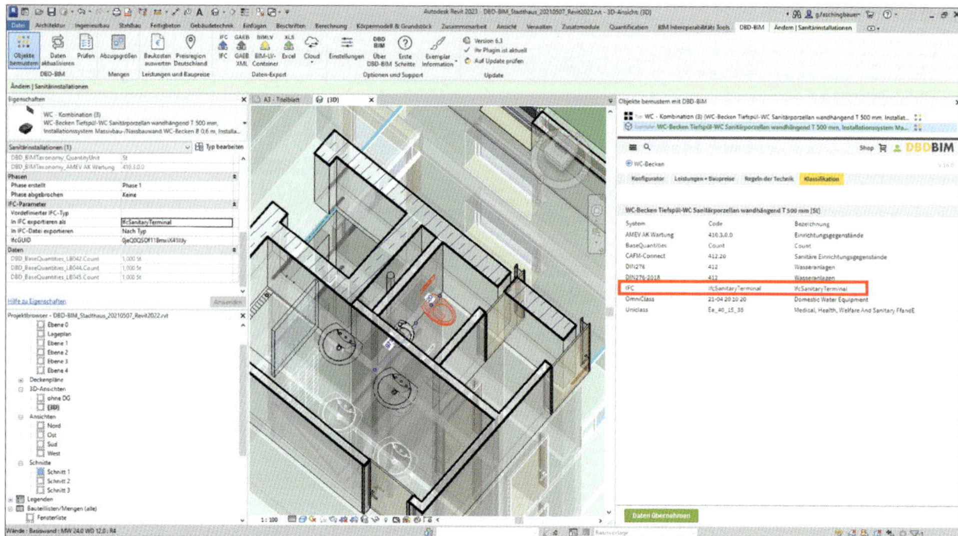

Quelle: DBD-BIM in der Software Revit © des Herstellers Autodesk™ , Dr. Schiller & Partner GmbH – Dynamische BauDaten

Bild 29: Zuordnung der IFC-Klasse zur Bauteilgruppe

Die Klassifikationen nach CAFM-Connect und AMEV AK Wartung sind im Facility Management etabliert. Mit IFC-Modellen, die diese Klassifikationen enthalten, ist es u. a. in FM-Softwaresystemen möglich, die Daten direkt für das Facility Management (FM) zu nutzen und daraus Wartungs- und Instandhaltungsarbeiten abzuleiten. Hierauf werden wir in einem späteren Kapitel dieses Buches noch zu sprechen kommen.

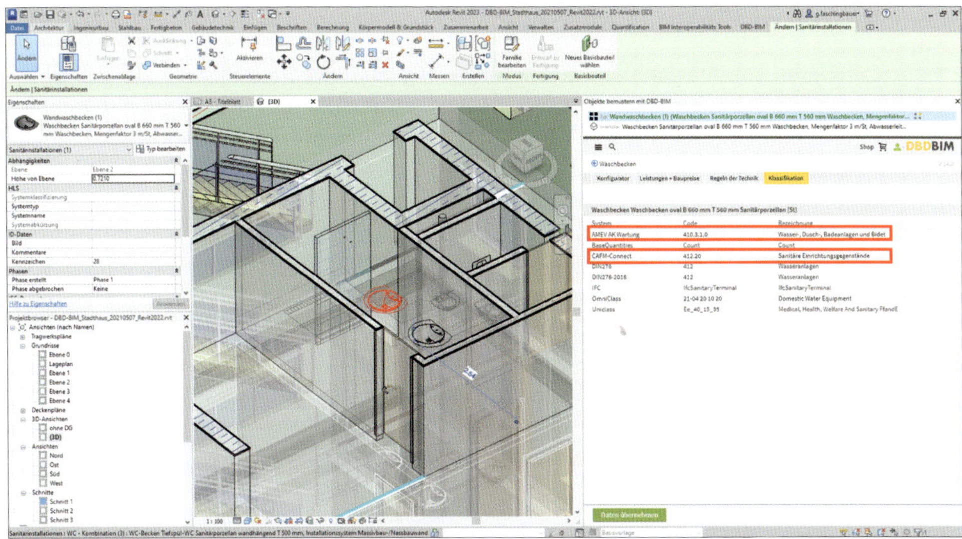

Quelle: DBD-BIM in der Software Revit © des Herstellers Autodesk™ , Dr. Schiller & Partner GmbH – Dynamische BauDaten

Bild 30: Klassifikationen für das Facility Management

Aus der Klassifikation „AMEV AK Wartung" 410.3.1.0 können beispielsweise die Inspektions- und Wartungsarbeiten nach der AMEV Arbeitskarte für KG 410 wie folgt abgeleitet werden:

Arbeitskarte für KG 410 Abwasser-, Wasser-, Gasanlagen

Leistungs-kennziffer				Inspektions- und Wartungsarbeiten	Fristen 3-monatl.	6-monatl.	12-monatl.	24-monatl.	bei Bedarf	Bemerkungen
hochgestellte Verweise am Ende der Arbeitskarte										
3	0	0		**Einrichtungsgegenstände**						
3	1	0		**Wasser-, Dusch-, Badeanlagen und Bidet**[1]						
3	1	1		Auf Verschmutzung und Beschädigung prüfen			x			
3	1	2		Auf Befestigung und Dichtheit prüfen			x			
3	1	3		Ab- und Überlauf auf Korrosion (äußerlich) und Funktion prüfen			x			
3	1	4		Ab- und Überlauf funktionserhaltend reinigen			x		x	

Quelle: Bundesministerium für Wohnen, Stadtentwicklung und Bauwesen (BMWSB), AMEV-Geschäftsstelle, www.amev-online.de

Bild 31: Auszug aus „Arbeitskarte für KG 410" des AMEV

Die Zuordnung dieser FM-Leistungen auf Basis der AMEV-Klassifikation erfolgt in der FM-Software, z. B. RIB FM, automatisch.

3.6 Regeln der Technik im Prozess

Das Spezifizieren von Merkmalen für ein Bauteil ist eine kreative Planungsleistung. Die Festlegungen, die dabei getroffen werden, müssen grundsätzlich den „Regeln der Technik" entsprechen. Da die in der DIN BIM Cloud bereitgestellten Merkmale und Ausprägungen konform zu den „Regeln der Technik" erarbeitet wurden, lassen sie sich am besten auch durch die technischen Regelwerke selbst erklären. Wie in der DIN BIM Cloud werden die relevanten Abschnitte der technischen Regelwerke des Baunormenlexikons in DBD-BIM mit den Merkmalen und Ausprägungen verbunden. Passend zum selektierten Bauteil können dementsprechend die relevanten Regelwerke, z. B. DIN-Normen, VDI-Richtlinien oder Dachdecker-Fachregeln ermittelt und angezeigt werden.

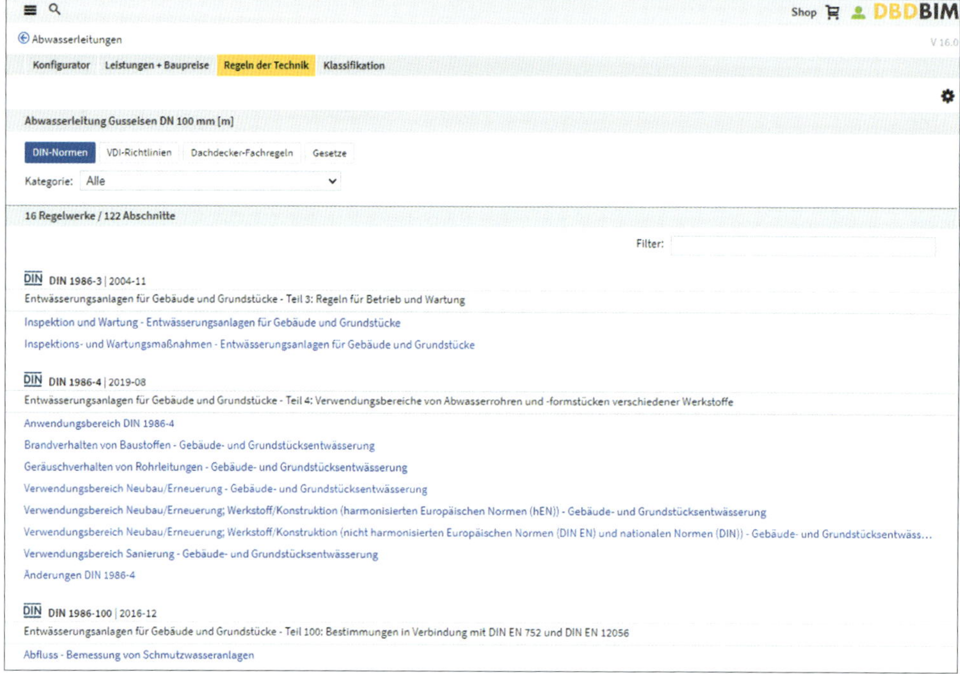

Quelle: DBD-BIM, Dr. Schiller & Partner GmbH – Dynamische BauDaten

Bild 32: Ermittlung relevanter Normenauszüge, passend zum Bauteil

Um die für Dich relevante Regel schnell zu finden, stehen auch Filtermöglichkeiten nach Kategorie, Ausprägung oder Element zur Verfügung.

So kann im Prozess schnell der passende Normenabschnitt gefunden werden, der entweder bei der Planungsentscheidung oder auch im Gebäudebetrieb unterstützt.

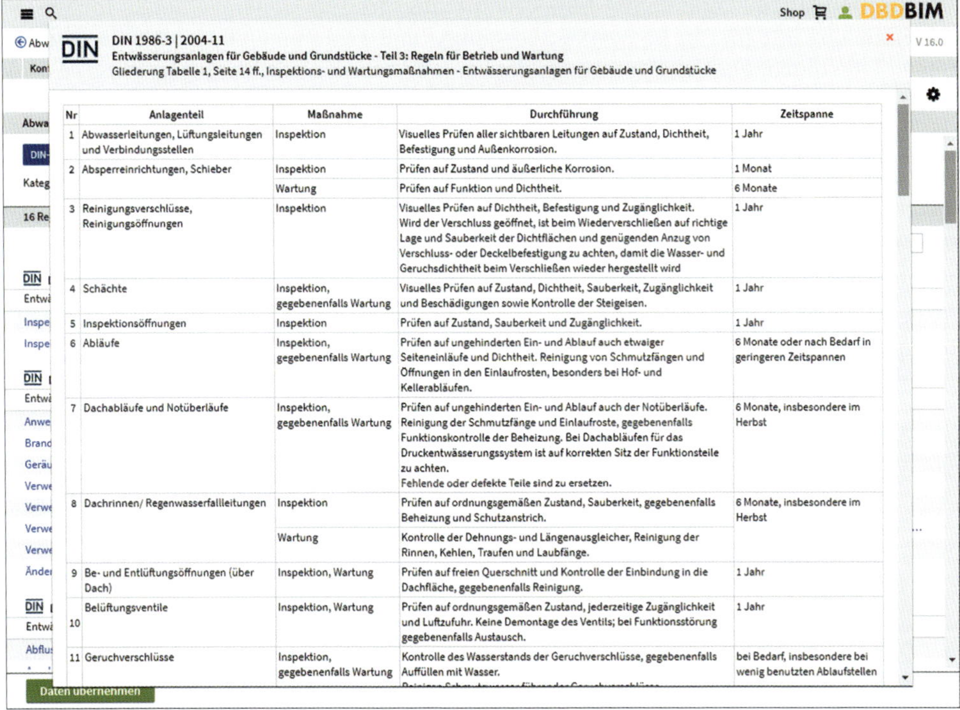

Nr	Anlagenteil	Maßnahme	Durchführung	Zeitspanne
1	Abwasserleitungen, Lüftungsleitungen und Verbindungsstellen	Inspektion	Visuelles Prüfen aller sichtbaren Leitungen auf Zustand, Dichtheit, Befestigung und Außenkorrosion.	1 Jahr
2	Absperreinrichtungen, Schieber	Inspektion	Prüfen auf Zustand und äußerliche Korrosion.	1 Monat
		Wartung	Prüfen auf Funktion und Dichtheit.	6 Monate
3	Reinigungsverschlüsse, Reinigungsöffnungen	Inspektion	Visuelles Prüfen auf Dichtheit, Befestigung und Zugänglichkeit. Wird der Verschluss geöffnet, ist beim Wiederverschließen auf richtige Lage und Sauberkeit der Dichtflächen und genügenden Anzug von Verschluss- oder Deckelbefestigung zu achten, damit die Wasser- und Geruchsdichtheit beim Verschließen wieder hergestellt wird	1 Jahr
4	Schächte	Inspektion, gegebenenfalls Wartung	Visuelles Prüfen auf Zustand, Dichtheit, Sauberkeit, Zugänglichkeit und Beschädigungen sowie Kontrolle der Steigeisen.	1 Jahr
5	Inspektionsöffnungen	Inspektion	Prüfen auf Zustand, Sauberkeit und Zugänglichkeit.	1 Jahr
6	Abläufe	Inspektion, gegebenenfalls Wartung	Prüfen auf ungehinderten Ein- und Ablauf auch etwaiger Seiteneinläufe und Dichtheit. Reinigung von Schmutzfängen und Öffnungen in den Einlaufrosten, besonders bei Hof- und Kellerabläufen.	6 Monate oder nach Bedarf in geringeren Zeitspannen
7	Dachabläufe und Notüberläufe	Inspektion, gegebenenfalls Wartung	Prüfen auf ungehinderten Ein- und Ablauf auch der Notüberläufe. Reinigung der Schmutzfänge und Einlaufroste, gegebenenfalls Funktionskontrolle der Beheizung. Bei Dachabläufen für das Druckentwässerungssystem ist auf korrekten Sitz der Funktionsteile zu achten. Fehlende oder defekte Teile sind zu ersetzen.	6 Monate, insbesondere im Herbst
8	Dachrinnen/ Regenwasserfallleitungen	Inspektion	Prüfen auf ordnungsgemäßen Zustand, Sauberkeit, gegebenenfalls Beheizung und Schutzanstrich.	6 Monate, insbesondere im Herbst
		Wartung	Kontrolle der Dehnungs- und Längenausgleicher, Reinigung der Rinnen, Kehlen, Traufen und Laubfänge.	
9	Be- und Entlüftungsöffnungen (über Dach)	Inspektion, Wartung	Prüfen auf freien Querschnitt und Kontrolle der Einbindung in die Dachfläche, gegebenenfalls Reinigung.	1 Jahr
10	Belüftungsventile	Inspektion, Wartung	Prüfen auf ordnungsgemäßen Zustand, jederzeitige Zugänglichkeit und Luftzufuhr. Keine Demontage des Ventils; bei Funktionsstörung gegebenenfalls Austausch.	1 Jahr
11	Geruchverschlüsse	Inspektion, gegebenenfalls Wartung	Kontrolle des Wasserstands der Geruchverschlüsse, gegebenenfalls Auffüllen mit Wasser.	bei Bedarf, insbesondere bei wenig benutzten Ablaufstellen

Quelle: DBD-BIM, Dr. Schiller & Partner GmbH – Dynamische BauDaten

Bild 33: Einblick in die Norm direkt aus dem Prozess

3.7 Zusammenfassung

In diesem Kapitel wurde aufgezeigt, wie Bauwerksinformationsmodelle mit dem „DBD-BIM Konfigurator nach DIN BIM Cloud“ attribuiert und für die Anwendungsfälle „Kostenermittlung“ und „Leistungsbeschreibung mit Leistungsverzeichnis“ direkt genutzt werden können. Mit der DIN BIM Cloud sowie dem STLB-Bau als modellbasiertes Ausschreibungstextsystem und den verknüpften DBD-Orientierungspreisen stehen vernetzte Inhalte für die Erstellung integrierter Bauwerks-, Leistungs- und Kostenmodelle zur Verfügung. Sie bilden eine durchgehende Datenkette, die von der Kostenermittlung nach DIN 276 über die Erstellung von Leistungsverzeichnissen bis hin zur Baukalkulation im Bauunternehmen anwendbar sind.

Durch die Vernetzung externer Klassifikationen erfolgt gleichzeitig eine „Handreichung“ zu anderen etablierten Standards, wie beispielsweise CAFM-Connect oder zu den Arbeitshilfen des AMEV.

Die Verbindung zu den Regeln der Technik unterstützt Anwender direkt im Prozess des Planens, Bauens und Betreibens durch den direkten Blick in die relevanten Abschnitte der technischen Regelwerke.

4 BIM und das Facility Management

Quelle: RIB IMS GmbH, Software „RIB FM 6.0“

Bild 34: BIM-Koordinationsmodell „Haus der Normen“: Wie kriege ich all diese Daten (Alphanumerik und Grafik) ins CAFM?

Zwischen Planungs- und Nutzungsphase liegt eine Zeitspanne von mehreren Jahren. Zudem sind Experten im Bereich Planen und Bauen nicht zwangsläufig auch Profis im Gebäudebetrieb. Selbst auf BIM spezialisierten Planungsbüros fällt es schwer, dem Bauherrn konkret mitzuteilen, welche CAFM-Objekte mit welchen Attributen und idealerweise auch noch mit welchen Prozessinformationen, wie z. B. Inbetriebnahme- und Wartungstätigkeiten, in der zu diesem Zeitpunkt noch weit entfernten Betriebsphase benötigt werden. Auch einfach anmutende Entscheidungen wie die nach der favorisierten Methodik „Open BIM“ oder „Closed BIM“ sowie die Festlegung der Datenqualität, LOG/LOI im Autorenwerkzeug und CAFM-System, spielen eine entscheidende Rolle.

Alles mündet in der einen Frage ...

4.1 Wie übertrage ich die Daten in ein CAFM-System?

Antwort

Die kurze Antwort auf diese Frage lautet: über „Open BIM". Eine Umsetzung der Alternative „Closed BIM" würde unnötig Kapazitäten und Ressourcen binden. Denn in diesem Fall müssten Schnittstellen und Plugins für alle weltweit verfügbaren Autorenwerkzeuge entwickelt und auf Dauer kompatibel gehalten werden. Schließlich haben die CAFM-Hersteller keinen Einfluss auf die Wahl des Autorensystems in der Planungsphase.

Zwar unterscheiden sich heute noch die IFC-Exportformate der Autorensystemhersteller hinsichtlich ihrer CAFM-Eignung erheblich voneinander, sie sind gleichwohl das kleinere Übel. Denn durch Normierung und Vordefinierung der AIA und damit der IFC-Exportprofile ist dieses Problem von temporärer Natur – so meine Hoffnung.

Setzen wir „Open BIM" als favorisierte Methodik voraus, führt ein BIM-Mapping von IFC-Klassen und deren Merkmalen mit den komplementären CAFM-Klassen und deren Attributen ans Ziel. Sowohl die alphanumerischen als auch die grafischen BIM-Daten können hierüber in ein CAFM-System überführt werden.

Damit das gut funktioniert, sind einige technische und fachliche Voraussetzungen zu erfüllen. Diese müssen in Form der AIA (Austausch-Informations-Anforderung, auch Auftraggeber-Informations-Anforderung) bereits den Planern zur Verfügung gestellt werden. Welche das genau sind, wollen wir im folgenden Kapitel miteinander erörtern.

4.1.1 Welche Festlegungen müssen in den AIA für eine erfolgreiche Datenübernahme in ein CAFM-System getroffen werden?

Für eine erfolgreiche Datenübernahme in ein CAFM-System müssen folgende Festlegungen in den AIA getroffen worden sein:

- Fachliche Detailtiefe
- Standortstruktur und Themenbäume
- Klassen und Merkmale

4.1.1.1 Koordinierung der Teilmodelle Fachliche Detailtiefe

Die Festlegung der Detailtiefe benötigter CAFM-Informationen entscheidet darüber, ob und welches Klassifizierungsverfahren eingesetzt werden sollte und wie dieses mit dem Autorensystem zu koppeln ist.

Bitte stelle sicher, dass die Antworten auf folgende Fragen in Deinen AIA enthalten sind:

Frage

In welcher Granularität sollen technische Objekte im CAFM-System abgebildet werden?

Erläuterung

CAFM-Systeme werden sowohl für die aktive Wartungsdurchführung als auch für die Wartungskontrolle eingesetzt.

Zur Verdeutlichung betrachten wir zwei Anwendungsfälle „Pumpen-Wartung":

- **AWF 1** – Wartungsdurchführung: Dokumentierung der konkreten Wartungstätigkeiten pro Pumpe
- **AWF 2** – Wartungskontrolle: Nutzung des CAFM-Systems zur Kontrolle der Pumpenwartung

Im AWF 1 ist die Wartung für alle Pumpen unterschiedlicher Bauart auf Tätigkeitsebene zu dokumentieren. Es muss zwingend zwischen den Pumpenarten unterschieden werden, da diese je nach Typ auch anders gewartet werden müssen. Die Verwendung eines Klassifizierungs-Keys wie dem CAFM-Connect-Key zur Unterscheidung der Pumpenarten ist hier obligatorisch. Der CAFM-Connect-Key wird bei der Nutzung von DBD-BIM automatisch ausgefüllt.

Im AWF 2 wird für die Wartungskontrolle nur eine grobe Granularität benötigt, sodass anstelle eines Klassifizierungs-Keys auch die IFC-Klasse selbst für die Klassifizierung verwendet werden kann. Für diesen Anwendungsfall genügt es, in den AIA „IfcPump" als IFC-Klasse für den IFC-Export der Pumpen zu definieren.

Je nach gewünschter Detailierung im CAFM-System kann auch der Detailierungsgrad, LOG (Level of Geometry) und die alphanumerische Informationstiefe oder Merkmaltiefe, LOI (Level of Information), DIN EN 17412-1 im BIM-Autorenwerkzeug entsprechend niedriger gewählt werden.

Dies gilt insbesondere für die Gewerke-Teilmodelle, die mit niedrigem Detailierungsgrad (LOG) hinsichtlich der zeichnerischen Komponentenausprägung erstellt werden können.

Grundsätzlich ist es für die Abbildung beider Anwendungsfälle AWF 1 und 2 aus CAFM-Sicht sogar ausreichend, ein Alias-Objekt (z. B. einen Kubus in gewerkspezifischer Einfärbung) anstelle des konkreten Bauteils des Herstellers in das BIM-Modell einzuzeichnen. Die Verwendung eines solchen Platzhalter-Objekts bietet zudem den Vorteil, dass die grafische Darstellung auch bei späterem Austausch der Komponente nicht falsch wird. Die Verortung der Komponente muss daher allerdings auch bei geringem Detailierungsgrad exakt sein. Schließlich soll der Techniker die zu wartende Komponente auch an Ort und Stelle vorfinden!

Im CAFM-System ändern sich also schwerpunktmäßig nur die alphanumerischen Informationen (Stamm- und Prozessdaten, d. h. kaufmännische und technische Eigenschaften und ggf. die durchzuführenden Wartungstätigkeiten). Da eine Änderung des LOIs innerhalb der Betriebsphase der Normalfall und nicht die Ausnahme ist, **sind CAFM-Systeme hinsichtlich des LOIs flexibel.** In der Regel steigt dieser im Laufe des Anlagenlebenszyklus zuerst kontinuierlich an und reduziert sich beim Austausch der Komponente, um danach wieder zuzunehmen. Klassenattribute können daher in vielen CAFM-Systemen während der Laufzeit, ohne dass hierzu Datenbankänderungen erforderlich wären, nach Belieben ergänzt, geändert oder entfernt werden.

Christine Proksch hatte in Hinweis 5 darauf verwiesen, dass bei Bestandsplanung ein LOG 100 ausreichend ist, bei den Bauteilen die Merkmaltiefe (LOI) aber zwischen 100 und 500 variieren kann – je nach CAFM-Relevanz der Bauteile.

Im Klartext bedeutet dies, dass der LOI in den AIA pro CAFM-Klasse, d. h. pro Bauteiltyp, festgelegt werden müsste. Der Aufwand hierfür wäre sehr hoch. Aus Sicht eines CAFM-Herstellers empfehlen wir daher: „Keep it simple" und starte mit LOI 100, unserem Hinweis 4 gemäß.

Frage

Sollen neben betriebsrelevanten Daten auch Kosteninformationen exportiert werden?

Erläuterung

Sofern auch Kosteninformationen für die Bemusterung/Kostenschätzung im AVA-System oder im CAFM-System gewünscht werden (um z. B. in Kombination mit dem Baupreisindex die Kosten zum Ersatzzeitpunkt der Komponenten zu ermitteln) empfiehlt sich die Verwendung eines Klassifizierungsverfahrens wie DBD-BIM. Denn hierüber können sowohl die Kosten von Bauteilen und technischer Gebäudeausrüstung ermittelt, als auch betriebsrelevante Merkmale aus vordefinierten Musterklassen übernommen und über ein DBD-BIM-Plug-in im Autorensystem oder über eine Schnittstelle im BIM-Modell gespeichert werden. Über das spätere Mapping von IFC- in CAFM-Klassen werden diese Informationen dann in das CAFM-System importiert.

Frage

Soll ein automatischer Einsprung in CAFM-Prozesse (z. B. Inbetriebnahme und Wartungsplanung) vorbereitet werden?

Erläuterung

Ein großer Vorteil des hier vorgestellten Verfahrens ist die Möglichkeit, alle in den BIM-Prozess einbezogenen Systeme miteinander verbinden zu können. Denn aufgrund der Analogie von Symbolen (Autorenwerkzeug), Klassen (CAFM) und Komponenten (Klassifizierungssystem) lassen sich diese drei Systemgattungen über den Klassifizierungs-Key „CAFM-Connect" miteinander verknüpfen. Da sich auch die Prozessdaten auf den CAFM-Connect-Key beziehen, bietet die hier beschriebene Vorgehensweise zudem eine Absprungmöglichkeit in Betriebsprozesse wie Inbetriebnahme oder Wartungsplanung.

So bietet z. B. die Rechtsanwaltskanzlei Rödl & Partner mit ihrem Produkt REG-IS eine Kopplungsmöglichkeit per Web-Service von Wartungsrichtlinien (z. B. VDMA oder AMEV) und CAFM-Systemen an. Als eindeutiges Zuordnungskriterium wird auch hier der CAFM-Connect-Key verwendet.

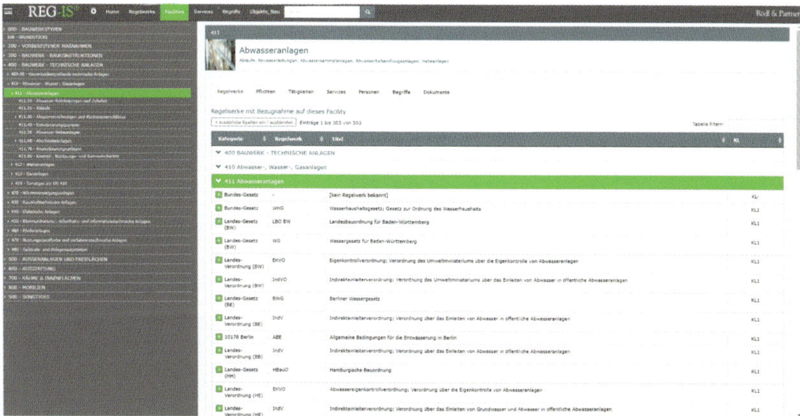

Quelle: Rödl & Partner GmbH

Bild 35: Die Strukturierung von Regelwerken nach DIN 276 x (CAFM-Connect-Key) erlaubt CAFM-Systemen und Autorenwerkzeugen eine automatisierte Zuordnung dieser Regeln zu Komponenten technischer Anlagen

4.1.1.2 Standortstruktur und Themenbäume

Beim späteren Import des IFC-Modells in das CAFM-System bleibt die ursprüngliche Standortstruktur erhalten. So, wie sie im BIM-Modell festgelegt wurde, wird sie auch in das CAFM-System überführt. Die für CAFM-Systeme essenziellen Standortobjekte müssen daher zwingend bereits im BIM-Modell enthalten sein. Diesen Standorten werden dann bereits im Autorenwerkzeug oder spätestens über entsprechende Importmechanismen des CAFM-Systems Türen, Fenster und Anlagen-Komponenten zugeordnet.

Hinweis 7

In Architekturmodellen sind Türen und Fenster zunächst dem Geschoss oder dem Gebäude zugeordnet. Erst beim IFC-Export werden diese dann automatisch dem Raum zugeordnet,in den hinein die Tür geöffnet wird. Nach dem Export geht die Zugehörigkeit zum „richtigen" Raum dann aus der Auflistung von Türen und Fenstern in der IFC-Klasse „IfcRelSpaceBoundary" hervor. Diese Objektzuordnung dient den CAFM-Systemen als Grundlage für die Erstellung des CAFM-typischen Standort- bzw. Objektbaums.

Warnhinweis

Übrigens: Nicht alle Türen öffnen sich in die Wohnräume. Türen kleiner Räume werden häufig nach außen geöffnet, um Platz zu sparen. Fluchttüren müssen sich in Fluchtrichtung öffnen. Dieser Umstand ist bei der Erstellung automatischer Auswertungen im CAFM-System zu berücksichtigen. Werden z. B. Dienstleistungen über die Kostenstellen der Objektstandorte abgerechnet, wie im Anwendungsfall „Auflistung der zu wartenden Brandschutztüren der Kostenstelle 12345", so führt dies dann zu Fehlzuordnungen, wenn sich die Kostenstellen von Flur und Innenraum unterscheiden.

Standortbäume werden in CAFM-Systemen üblicherweise wie hier gezeigt strukturiert. Die Namen der aus dem Autorenwerkzeug zu exportierenden IFC-Klassen werden neben den CAFM-Klassennamen in Klammern genannt:

- Gebäude (IfcBuilding)
- Geschoss (IfcBuildingStorey)
- Raum (IfcSpace)
  - Türen (IfcDoor)
  - Fenster (IfcWindow)
  - Komponenten (IfcDamper, IfcPump, IfcValve, IfcFilter, IfcSanitaryTerminal, IfcBuildingElementProxy etc.)

Je nach Kundenanforderung können beliebig viele weitere Objekte wie Belegung, Inventar, Anschlussdosen, Kabelleitungen, Telefonanlagen etc. im CAFM-System erfasst und dem Standort „Raum" zugeordnet werden. Wenngleich die Objektzuordnung zu Räumen in CAFM-Systemen voreingestellt ist, können zusätzlich beliebig viele weitere Standorte (z. B. Geschosse oder Gebäude) als „erlaubte" Standorte zu den jeweiligen Klassen im CAFM-System definiert werden.

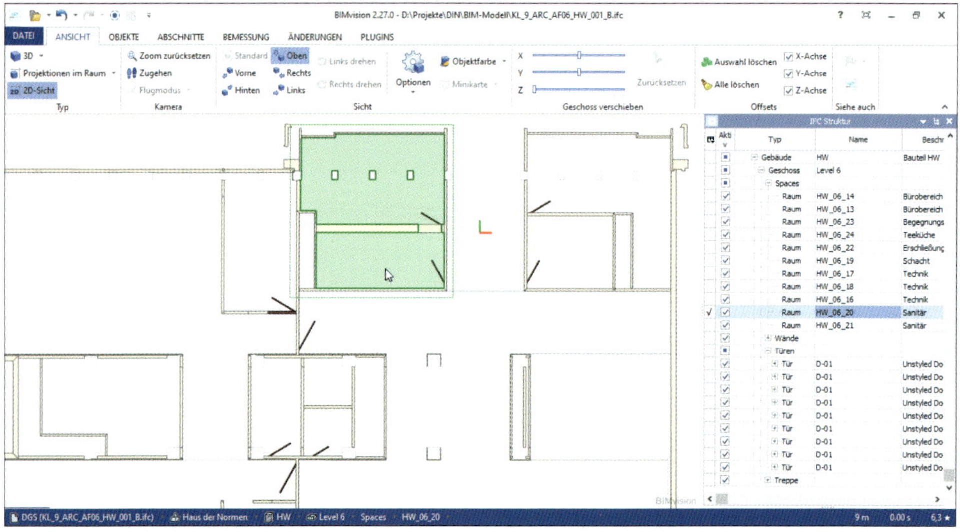

Quelle: „BIMvision 2.27.0"

Bild 36: 2D-Ansicht eines Geschossausschnitts in BIMvision. Türen sind in diesem Architekturmodell noch den Geschossen zugeordnet. Je nach verwendetem Autorenwerkzeug werden die Türen beim Ifc-Export über IfcBuildingElementProxy gemäß ihrer Öffnungsrichtung Räumen zugewiesen.

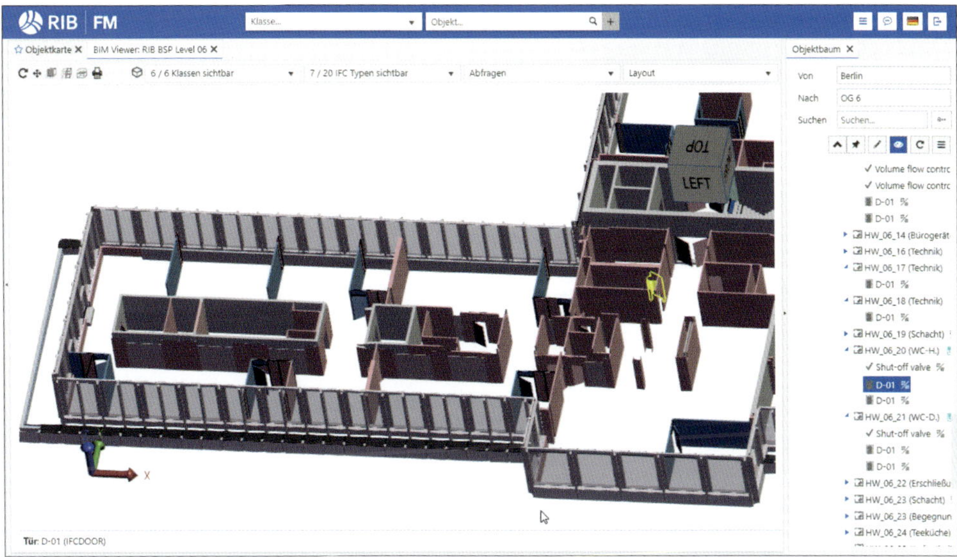

Quelle: RIB IMS GmbH, Software „RIB FM 6.0“

Bild 37: 3D-Ansicht desselben Geschossausschnitts im CAFM-System RIB FM. Nach erfolgtem IFC-Import sind die Türen hier bereits den Räumen zugeordnet.

Neben Standortstrukturen werden in CAFM-Systemen weitere hierarchische Strukturen für die Abbildung unterschiedlicher Themen verwendet:

1) TGA (Technische Gebäudeausrüstung)
2) Messpunkthierarchien (Energiecontrolling)
3) Schließhierarchien (Verwaltung von Schließanlagen)
4) Vertrags- und Dokumentstrukturen
5) Budgetstrukturen
6) Mietstrukturen
7) Betriebskostenstrukturen
8) Weitere (Maßnahmen, Rechnungen, Umzüge etc.)

Die Strukturen zu TGA, Messpunkthierarchien, Schließhierarchien und Verträgen/Dokumenten basieren auf Objekten, die entweder ebenfalls im BIM-Modell erfasst wurden (oder werden könnten), sich daraus regelbasiert ableiten oder die sich als Standardkataloge importieren lassen.

- TGA: DIN 276 Kostengruppe oder Gewerk, Anlage, Baugruppe, Komponente, Bauart
- Messpunkthierarchie: Energiestandort, Zählpunkt, Energierubrik, Energiezähler (je nach Zählerart)
- Schließhierarchie: Schließanlage, Gruppenschließung/Einzelschließung mit Objektbezug (zu Schließzylindern und Schlüsseln)

- Verträge/Dokumente: Kategorie, Vertragsart, Vertragsobjekt mit Objektbezug (Vertrag zu Gebäude, Person, Fahrzeug etc.)

Indem diese Objekte spätestens beim IFC-Export in einen Bezug zueinander gebracht werden, wäre also auch der Import dieser Hierarchien ins CAFM-System durchaus möglich. Für die Zuordnung z. B. von Komponententypen zu Komponenten, von Komponenten zu Baugruppen und von Baugruppen zu Anlagen stehen den Autorensystemen die IFC-Klassen IfcSystem/IfcRelAssignsToGroup bereits heute zur Verfügung, werden aber von diesen – evtl. mangels Nachfrage – noch nicht befüllt, weshalb weiterhin individuelle Schnittstellen zu unterschiedlichen Softwaresystemen benötigt werden.

Erläuterung

Als problematisch erweist sich der Umstand, dass die hierarchischen Zugehörigkeiten grafisch offensichtlich sind. Beispielsweise ist die Zugehörigkeit einer Brandschutzklappe zum Zuluft- oder Abluftsystem einer Lüftungsanlage durch die unterschiedliche Farbgebung leicht erkennbar. Die Notwendigkeit einer hierarchischen Verknüpfung der Objekte stellt sich daher im Autorensystem noch nicht. Erst in einem auch rein alphanumerisch betreibbaren CAFM-System wird diese fehlende Verknüpfungsinformation zu einem Abbildungsproblem.

Die Strukturen der Positionen 5 bis 8 basieren hingegen auf Stamm- und Prozessdaten wie z. B. Haushaltsstellen, Budgetjahren, Kostenstellen, Wirtschaftseinheiten, Baumaßnahmen, Eingangs- und/oder Ausgangsrechnungen, Umzugssimulationen etc., die erst innerhalb der Betriebsphase anfallen und auch nur in dieser genutzt werden. Hier ist kein zwingender Grund für eine Hinterlegung solcher Daten im BIM-Modell erkennbar, sodass diese Daten hinsichtlich eines potenziellen IFC-Imports nicht berücksichtigt werden müssen.

Hinweis 8

Ein BIM-Import von hierarchischen Strukturen/Beziehungen zu den Themen TGA, Messpunkthierarchien, Schließhierarchien und Verträgen/Dokumenten wurde auch im hier beschriebenen Projekt noch nicht durchgeführt. Eine effiziente Übernahme dieser Strukturen ist erst nach vorab durchgeführter Verkettung von Anlagen – Baugruppen – Komponenten – Komponententypen und deren IFC-Export sinnvoll.

Hinweis 9

Bei allen Überlegungen zur BIM-Integration ist stets zu beachten, dass CAFM-Systeme gebäudeübergreifend das gesamte Immobilienportfolio verwalten, häufig aber nur ein Gebäudeneubau nach der BIM-Methode erstellt wurde.

Wird ein CAFM-System heterogen, d. h. nach zwei Methoden (der BIM- und der konventionellen Methodik) eingeführt, ist neben der Umsetzung von BIM die Herausforderung einer homogenen Integration traditioneller und neuer Technologien zu meistern:

- Alphanumerische Daten gelangen über ein BIM-Mapping sowie über traditionelle Datenimporte per Excel und Schnittstellen ins System. Dennoch müssen einheitliche Kataloge, Beziehungen, Struktur- und Themenbäume im System aufgebaut werden.
- Grafiken werden in den Formaten Bitmap (jpg, png, ...), PDF, Vektorgrafik (dwg, dxf, dgn, ...) und per Open BIM, d. h. im IFC-Format, bereitgestellt. Um alle Vorteile der grafischen Darstellmöglichkeiten von 3D-BIM-Modellen nutzen zu können, empfiehlt sich, neben dem CAD-Viewer, die zusätzliche Integration eines BIM-Viewers in das CAFM-System.

Informiere Dich bei Deinem CAFM-Hersteller, in welcher Form eine Datenübernahme aus BIM-Modellen parallel zu konventionellen Datenimporten möglich ist!

4.1.1.3 Klassen und Merkmale

Bei der Konkretisierung der AIA stellt sich irgendwann die Frage, welche Klassen und Merkmale in das CAFM-System exportiert werden sollen.

Beginnen wir mit den Klassen. Zwingend erforderlich ist ein Import der im Kapitel 4.1.1.2 genannten Standortobjekte Gebäude, Geschosse und Räume. Alle übrigen Objekte wie Türen, Fenster und Komponenten können daraufhin einem dieser Standorte zugeordnet werden.

Wenn bereits ein CAFM-System im Einsatz ist oder Du weißt, welches System in der Betriebsphase zum Einsatz kommen wird, kannst Du Dich einfach an den Hersteller wenden und erfragen, welche konkreten Merkmale welcher Klassen typischerweise benötigt werden. Eine große Hilfe sind die CAFM-Connect BIM-Profile, in denen wichtige Komponentenmerkmale für die Betriebsphase vorgeschlagen werden.

Sofern aufgrund des gewünschten Detailierungsgrads gemäß Kapitel 4.1.1.1 ohnehin die Einbeziehung eines Klassifizierungsverfahrens erforderlich ist, empfiehlt sich der vollständige Import aller darüber spezifizierten Merkmale. Ein solch detaillierter Datenimport ist trotz der zahlreichen Merkmale mit nur wenig Zusatzaufwand möglich, da für die gängigsten Komponenten i. d. R. Musterklassen mit konkreten Merkmalen bereits vordefiniert sind. Zudem werden bei Verwendung von DBD-BIM-Plug-ins im Autorensystem (z. B. Autodesk Revit, Archicad, Elitecad, SPIRIT, DBD-KostenKalkül) die Merkmale direkt den Entitäten, also den grafischen Entsprechungen der alphanumerischen Komponenten im Autorensystem, zugewiesen. Über den IFC-Export werden dann die alphanumerischen Komponenten gemeinsam mit der grafischen 3D-Darstellung in das CAFM-System exportiert.

Hinweis 10

Als Minimalanforderung an die alphanumerische Datenübernahme per Open BIM wird **nur die Komponentenbezeichnung** benötigt. Diese kann mit dem Symbol- bzw. Klassennamen aus dem Autorensystem übereinstimmen (z. B. BSK oder Bürostuhl), sollte aber dann raumweit eindeutig sein, wenn eine exakte Identifizierung erforderlich ist. Unter diesem Namen wird das Objekt im CAFM-System erfasst und automatisch dem zugehörigen Raum, der sich aus dem BIM-Modell ergibt, als Standort zugeordnet.

Sofern erforderlich (z. B. für alphanumerische Import-/Exportlisten), kann eine systemübergreifende Eindeutigkeit nachträglich durch regelbasierte Erzeugung eines zusätzlichen Attributs, eines Anlagenkennzeichnungsschlüssels (AKS) erfolgen. Im Fall der Brandschutzklappe (vgl. Bild 39) könnte bereits durch Kombination des Namens mit einer willkürlichen Nummerierung der Brandschutzklappen im Raum, der Raumbezeichnung selbst (in der ihrerseits bereits Gebäudeteil und Geschoss verschlüsselt sind) und eines Kürzels für die Gebäudebezeichnung ein eindeutiger AKS erzeugt werden: „BSK1-HW_06_19-HDN BER".

Ein anderer Weg führt über die mobile Datenerfassung, das Aufkleben eines eindeutigen QR-Codes (Kleberolle mit QR-Codes in vordefiniertem Zahlenbereich) auf die Komponente und Zuordnung dieses Codes zu einer der Brandschutzklappen im Raum per Scanning über die mobile App.

Hinweis 11

Als Minimalanforderung an die alphanumerische Datenübernahme per Open BIM wird **nur die Komponentenbezeichnung** benötigt. Diese kann mit dem Symbol- bzw. Klassennamen aus dem Autorensystem übereinstimmen (z. B. BSK oder Bürostuhl), sollte aber dann raumweit eindeutig sein, wenn eine exakte Identifizierung erforderlich ist. Unter diesem Namen wird das Objekt im CAFM-System erfasst und automatisch dem zugehörigen Raum, der sich aus dem BIM-Modell ergibt als Standort zugeordnet.

Sofern erforderlich (z. B. für alphanumerische Import-/Exportlisten), kann eine systemübergreifende Eindeutigkeit nachträglich durch regelbasierte Erzeugung eines zusätzlichen Attributs, eines Anlagenkennzeichnungsschlüssels (AKS) erfolgen. Im Fall der Brandschutzklappe könnte bereits durch Kombination des Namens mit einer willkürlichen Nummerierung der Brandschutzklappen im Raum, der Raumbezeichnung selbst (in der ihrerseits bereits Gebäudeteil und Geschoss verschlüsselt sind) und eines Kürzels für die Gebäudebezeichnung ein eindeutiger AKS erzeugt werden: „BSK1-HW_06_19-HDN BER".

Ein anderer Weg führt über die mobile Datenerfassung, das Aufkleben eines eindeutigen QR-Codes (Kleberolle mit QR-Codes in vordefiniertem Zahlenbereich) auf die Komponente und Zuordnung dieses Codes zu einer der Brandschutzklappen im Raum per Scanning über die mobile App.

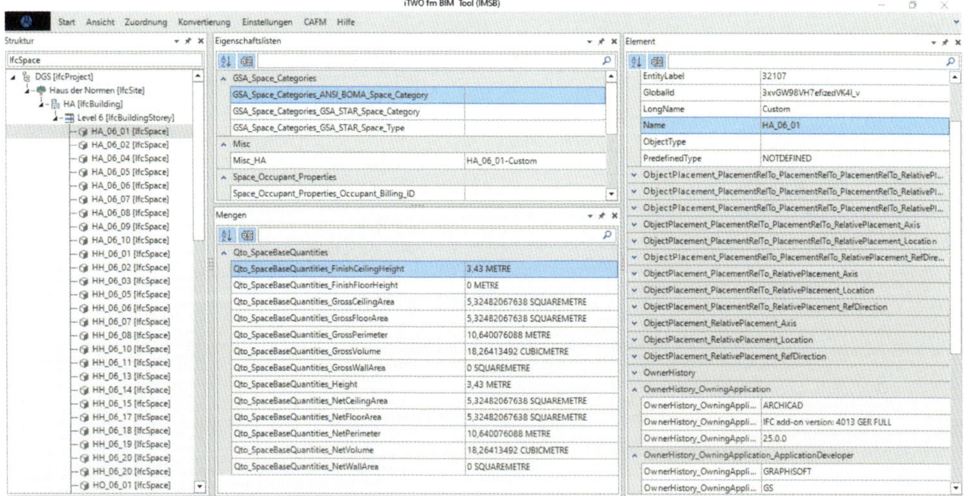

Quelle: RIB IMS GmbH, Software „RIB FM BIM-Tool, Version 2.0.5“

Bild 38: RIB FM BIM-Tool mit BIM-Modell aus Archicad, Daten des Raums „HA_06_01“. Die Standortstruktur ist bereits im BIM-Modell fest definiert. Die Mengen (Quantities) ergänzen die Eigenschaftslisten (PSet) und Elementeigenschaften und können für die Flächenberechnung verwendet werden.

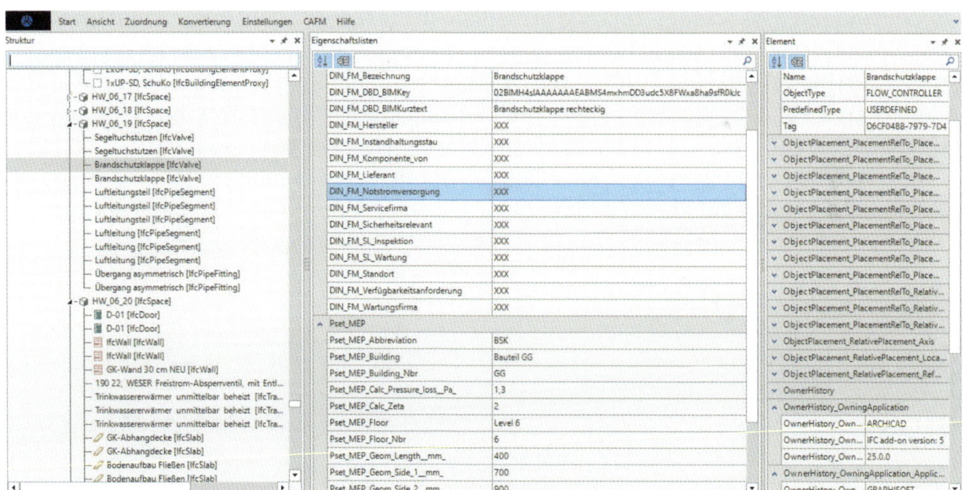

Quelle: RIB IMS GmbH, Software „RIB FM BIM-Tool, Version 2.0.5“

Bild 39: RIB FM BIM-Tool mit BIM-Modell aus Archicad, Daten einer Brandschutzklappe im Raum „HW_06_19“. In der Eigenschaftsliste werden die DBD-BIM-Merkmale angezeigt. Nicht alle verfügbaren Merkmale wurden mit Inhalten versehen. Zusätzlich zum CAFM-Connect-Key (oder zusätzlich) sollte auch der DBD-BIMKey importiert werden, um einen späteren Absprung in die DIN BIM Cloud zu ermöglichen.

4.1.1.4 Koordinierung der Teilmodelle

Da wir keinen Einfluss auf die Auswahl des Autorensystems während der Planungsphase nehmen können, ist davon auszugehen, dass mit unterschiedlichen BIM-Tools gearbeitet wird. Denn jedes Gewerk, jedes beauftragte Architekturbüro und jeder Technische Gebäudeausrüster wird mit dem Werkzeug arbeiten, das das eigene Unternehmen erworben hat und mit dessen Bedienung er vertraut ist. In der Praxis wird es daher schwer bis unmöglich sein, die Verwendung eines konkreten Tools vorzuschreiben. Umso wichtiger ist es, dass der BIM-Manager sicherstellt, dass zumindest ein Autorenwerkzeug zur Verfügung steht, mit dem alle übrigen Modelle in einem Gesamtgebäudemodell (Koordinationsmodell) konsolidiert werden können.

Dieses Autorenwerkzeug sollte als führendes System für die Erstellung des Koordinationsmodells deklariert werden!

Hinweis 12

Bitte beachte, dass die besten Autorensystem-Hersteller nicht zwangsläufig das beste IFC-Exportformat anbieten. Die Wahrscheinlichkeit auf ein qualitativ hochwertiges IFC-Exportformat mit betriebsrelevantem Inhalt zu treffen ist sicherlich bei denjenigen Herstellern am höchsten, die bereits heute konkrete CAFM-Export-Filter anbieten und/oder sich schon seit geraumer Zeit bei buildingSMART engagieren.

Hinsichtlich der GUID-Vergabe sollte grundsätzlich das Architekturmodell – unabhängig vom verwendeten Werkzeug – führend sein, denn in diesem entsteht originär das Gebäude mit seinen Geschossen sowie Böden, Decken, Wänden und Räumen. Alle im Architekturmodell hierfür vergebenen GUIDs sind maßgeblich, sodass die Teilmodelle auf diese referenzieren können. Wurden eigene Standortobjekte (Gebäude, Geschoss, Raum) mit abweichender GUID erstellt, müssen diese gelöscht werden. Denn spätestens beim Versuch, die Teilmodelle zu einem Koordinationsmodell zusammenzufügen, würden z.B. gleichnamige Räume mit abweichender GUID sowohl im Koordinationsmodell als auch im CAFM-System doppelt angelegt.

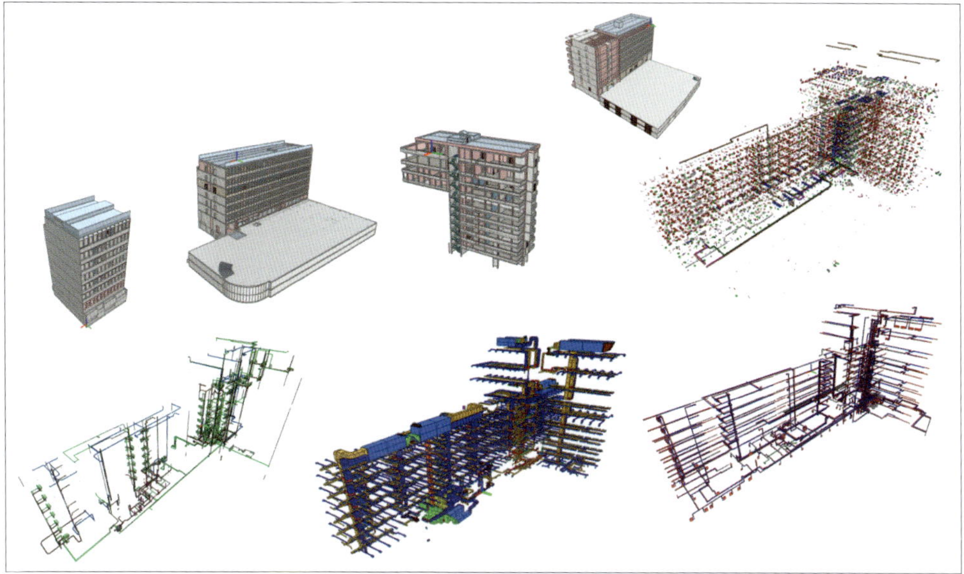

Quelle: „BIMvision 2.27.0“

Bild 40: Erstellung eines Koordinationsmodells aus Teilmodellen für Architektur (hier: vier Gebäudeteile) und die unterschiedlichen Gewerke. Berücksichtige, dass alle Modelle ggf. mit unterschiedlichen Autorenwerkzeugen erstellt wurden!

War schließlich die Fusion aller Teilmodelle zu einem Gesamtgebäudemodell erfolgreich, so existiert nun ein Koordinationsmodell, das alle alphanumerischen und grafischen Daten aus den Bereichen Architektur, Fassade und den unterschiedlichen Gewerken wie Heizung, Lüftung, Klima, Sanitär und Elektro sowie alle Gebäudeteile (z.B. Nord-, Ost-, Süd- und Westflügel) enthält.

Da ein solches Koordinationsmodell schnell eine Dateigröße von >10 GB annimmt, empfiehlt es sich, die Gesamtdatei noch einmal in Geschosse und/oder Gewerke (die nun aber auch die Architektur mit Räumen, Türen, Fenstern beinhalten) aufzusplitten, wodurch sich die Ladezeiten im BIM-Viewer des CAFM-Systems von 2 Minuten pro Geschoss auf <10 Sekunden pro Geschoss reduzieren.

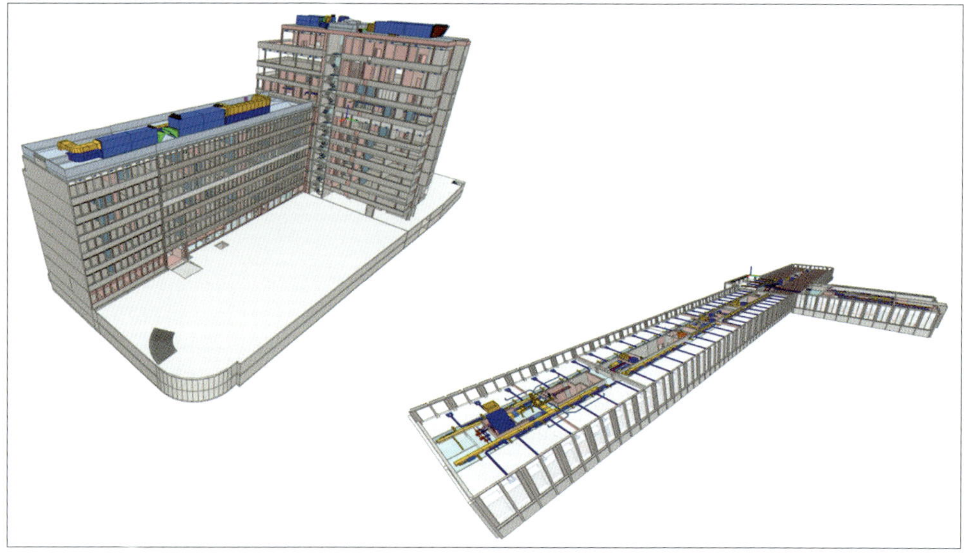

Quelle: „BIMvision 2.27.0“

Bild 41: Aus dem Koordinationsmodell extrahierter Geschossplan, der alle Gewerke beinhaltet.

Eine solche Geschoss-Sicht ist zudem typisch für CAFM-Systeme, da hierüber merkmalspezifische Raumeinfärbungen (Räume nach Nutzungsarten, Reinigungspläne, Räume nach Kostenstellen etc.) und Belegungs- sowie Inventarsichten ermöglicht werden.

Fazit

Du musst kein CAFM-Experte sein, um betriebsrelevante Inhalte bereits in der Planungsphase im BIM-Modell hinterlegen zu können. Aufgrund der Analogie von Symbolen (BIM-Tool), CAFM-Klassen und Komponenten (Klassifizierungssystem) können diese drei Systemgattungen über einen Klassifizierungs-Key miteinander verknüpft werden. Der CAFM-Connect-Key (auch als DIN 276 x-Key oder REG-IS-Key bekannt) ist hierfür sehr gut geeignet. Er wird von DBD-BIM automatisch als eins von vielen Merkmalen an das Autorensystem übertragen, kann aber auch von einigen Autorensystem-Herstellern bereits über die Symbol-/Komponentenauswahl direkt mit der Komponente im BIM-Tool verknüpft werden. Zudem bietet die Rechtsanwaltskanzlei Rödl & Partner mit ihrem Produkt REG-IS (https://www.roedl.de/dienstleistungen/rechtsberatung/facility-management-recht/reg-is/) eine Kopplungsmöglichkeit von Wartungsrichtlinien (wie z.B. VDMA oder AMEV) mit CAFM-Systemen ebenfalls über den CAFM-Connect-Key an, wodurch sich sogar die Möglichkeit zu einem direkten Einsprung in die Inbetriebnahme oder den Wartungsprozess ergibt.

Hinweis 13

Ein erstes CAFM-spezifisches Export-Profil kann in den Export-Einstellungen des BIM-Autorenwerkzeugs Archicad als „Übersetzer“ unter dem Namen „RIB FM“ (ab Version 26) ausgewählt werden.

DBD-BIM steht u. a. für Autodesk Revit, Archicad, Elitecad, SPIRIT, DBD-KostenKalkül, DBD-Connect sowie für diverse AVA-Systeme zur Verfügung.

Exkurs

Analogie von CAD- und BIM-Integration: DWG-Import vs. IFC-Import

Da viele von Euch mit traditionellen CAD-Systemen vertraut sind, sei zum besseren Verständnis an dieser Stelle auf die Analogie eines klassischen DWG-Imports zu dem hier beschriebenen IFC-Import hingewiesen. Denn wie der Konzeptvergleich in der nachfolgenden Tabelle zeigt, sind die Probleme, die mit einem Import grafischer Entitäten und deren alphanumerischer Merkmale aus CAD- in CAFM-Systeme einhergehen, nicht neu. Damals wie heute machte es einen Unterschied, aus welchem Autorenwerkzeug das DWG-Format (heute die exportierte IFC-Datei) stammte. In der Praxis bestehen die Probleme in der unterschiedlichen Datenstrukturierung, die häufig mit den Exportformaten (früher DWG, heute IFC) verbunden sind.

Dank der heute verfügbaren BIM-Methodik ist der IFC-Standard ausgereift und weltweit anerkannt. IFC-Datenimporte sind daher erheblich einfacher zu realisieren als die bislang alternativlosen DWG-Importe aus unterschiedlichen Autorensystemen. Mit dem IFC-Format wurde ein offener Standard geschaffen, der zudem über das Netz der buildingSMART-Chapter seit Jahrzehnten weltweit aktualisiert wird. Grafische und alphanumerische Informationen inkl. möglicher Objektbeziehungen und Prozessinformationen können über dieses allgemeingültige Format gespeichert und exportiert werden.

Tabelle 1: Vergleich einer klassischen CAD-Integration mit Open BIM

Kriterium	CAD-Integration	Open BIM
Export-Format (aus Autorenwerkzeug)	DXF, DWG	IFC, IFCXML
Import-Format (in CAFM-System)	DXF, DWG	IFC, IFCXML
Quelle der Attributinformationen	Blöcke, Block-Referenzen	IFC-Klassen
Mappingverfahren	Mapping von **Blockref-Attributen** in CAFM-Klassen	Mapping von **IFC-Attributen** in CAFM-Klassen

Kriterium	CAD-Integration	Open BIM
Problematik	Heterogene Ausprägung des „de facto“ Austauschformats „DWG“ Je nach Autorensystem: – Attribute in Block-Referenzen, Blöcken oder Zusammenfassung von Attributen und Polygonen in einem „Raumblock“ – Verwendung von Texten (einzeilig oder mehrzeilig) anstelle von Attributen (mit Vorgabewert, Bezeichnung, Prompt) Prozesse sind nicht abbildbar. Ein Absprung in Betriebsprozesse ist nicht möglich!	Es sind nicht für alle weltweit existierenden Bauteile IFC-Klassen vorhanden. Bei neuartigen Bauteilen vergehen Jahre bis zu deren IFC-Definition. Grobe Granularität der IFC-Klassen: Unterschiedliche Komponentenarten (z. B. von Pumpen) können nur einer übergeordneten IFC-Klasse „IfcPump“ zugewiesen werden.
Lösung	Nachträgliche Konvertierung von Fremd-DWG in Autocad-DWG erforderlich (Umwandlung in BockRefs mit Attributen und separaten Polylinien) Alle Prozesse müssen im CAFM-System neu aufgesetzt werden.	Einbindung von Klassifizierungsverfahren Hinterlegung des CAFM-Connect-Keys (DIN 276 x) bei exportierten IFC-Objekten Nutzung von Autorenwerkzeugen mit CAFM-spezifischen IFC-Export-Profilen Es stehen IFC-Klassen zur Abbildung von Komponenten, Relationen **und Prozessen** zur Verfügung! Ein Absprung aus dem BIM in Prozesse wie Inbetriebnahme oder Wartung ist möglich.

Frage

Welche Möglichkeiten existieren in IFC für einen direkten Absprung in Betriebsprozesse?

Antwort

Im IFC-Format wurden bereits vor mehr als 20 Jahren Klassen definiert, die in Kombination mit einem Klassifizierungs-Key ideal für den direkten Absprung in Wartungsdurchführungen und Inbetriebnahmen geeignet sind.

Das Verfahren kann zudem auch für den standardisierten Datenaustausch zwischen Regelwerken (DIN, VDMA, AMEV, ...), FM-Dienstleistern, Datenerfassern und CAFM-Anbietern genutzt werden!

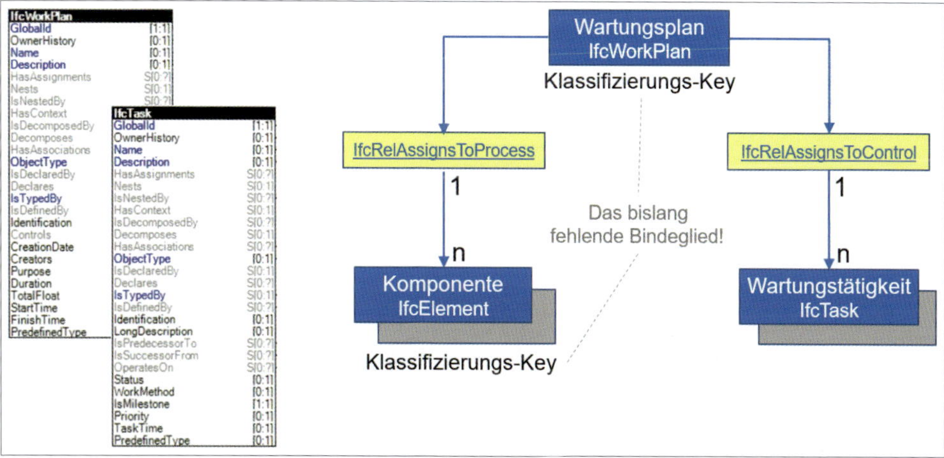

Quelle: RIB IMS GmbH, „Mit openBIM ins CAFM“, Folie 24 der Powerpointpräsentation „BIMWORLD 2022“ (mit Bildausschnitten aus „http://docs.buildingsmartalliance.org/MVD_SPARKIE/annex/annex-d/electrical-system-design/ifcworkplan.htm“ und „http://docs.buildingsmartalliance.org/MVD_COBIE/annex/annex-d/construction-operations/ifctask.htm“)

Bild 42: Seit 2001 sind IFC-Klassen für den Prozessabsprung definiert. Diese Klassen können auch für den genormten Informationsaustausch verwendet werden.

Weitere Informationen zu den hier genannten Klassen sind über buildingSmart erhältlich: IfcWorkPlan (https://standards.buildingsmart.org/IFC/RELEASE/IFC2x3/TC1/HTML/ifcprocessextension/lexical/ifcworkplan.htm), IfcTask (https://standards.buildingsmart.org/IFC/DEV/IFC4_2/FINAL/HTML/schema/ifcprocessextension/lexical/ifctask.htm)

4.1.2 Wie genau funktioniert das BIM-Mapping?

Ziel des BIM-Mappings ist die Überführung der alphanumerischen Informationen ins CAFM-System. In der aus dem Autorenwerkzeug exportierten IFC-Datei sind diese in zahlreichen IFC-Klassen und deren Attributen enthalten.

Die nachfolgende Abbildung zeigt – mintgrün markiert – eine Brandschutzklappe, die Bestandteil eines Rohrleitungssystems ist und im Boden des Raums „HA_06_05“ verbaut wurde. Wie aus der alphanumerischen IFC-Struktur hervorgeht, besteht die Rohrleitung aus unterschiedlichen Komponenten der IFC-Klassen IfcPipeFitting, IfcPipeSegment und IfcValve. Offenbar wurde die Brandschutzklappe beim IFC-Export also nicht als Objekt in der dafür vorgesehenen IFC-Klasse „IfcDamper“, sondern in einer bezüglich ihrer vordefinierten Merkmale vergleichbaren Klassen exportiert, die gerade im Autorensystem verfügbar war.

In der Praxis wird sehr häufig mit solchen „alternativen“ Klassen gearbeitet. Oft wird die IFC-Klasse „IfcBuildingElementProxy“ als Platzhalter- oder Alias-Klasse verwendet. Gründe hierfür können sein, dass in IFC entweder noch kein Objekt oder noch keine konkrete Klasse dafür definiert wurde oder noch kein detailliertes Export-Profil im Autorensystem existiert, über das die richtige IFC-Klasse zugewiesen werden kann.

Für das BIM-Mapping bedeutet dies, dass ein Klassifizierungs-Key für die eindeutige Zuordnung benötigt wird. Oder salopp formuliert:

Merksatz

Das BIM-Mapping klappt nie – ohne den Klassifizierungs-Key!

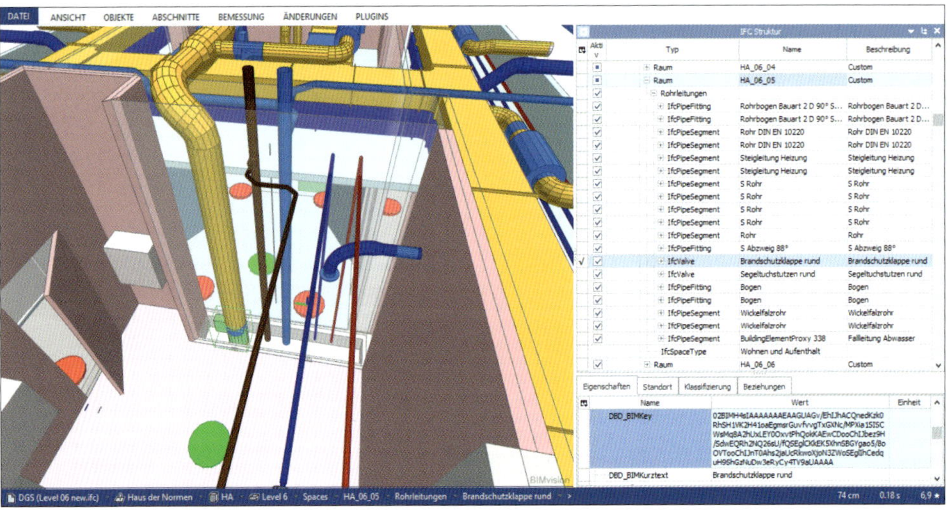

Quelle: „BIMvision 2.27.0“

Bild 43: Anzeige einer Brandschutzklappe in BIMvision. Das BIM-Modell besteht aus zahlreichen Komponenten, wie aus der gezeigten IFC-Struktur hervorgeht. Die Attribute der Entitäten sind in BIMvision auf vier Registerkarten aufgeteilt.

Der Klassifizierungs-Key ist also für das BIM-Mapping von zentraler Bedeutung. Bild 45 veranschaulicht das BIM-CAFM-Mapping für ein repräsentatives Beispiel. Hier dient RIB FM BIM als Tool für das Mapping von Merkmalen, die über die Klassifizierung mit DBD-BIM an ein Autorensystem übertragen und anschließend daraus als IFC-Datei exportiert wurden. Im linken Fensterteil sind in den ersten beiden Spalten die CAFM-interne und systemweit eindeutige Class-ID und die Klassenbezeichnung aufgeführt. Rechts daneben steht der Klassenname zusammen mit einer Filterbedingung. Ist der Klassenname eindeutig, wie im Beispiel „IfcSpace“, wird kein Filterkriterium benötigt. Sollen aber beispielsweise dem CAFM-System Brandschutzklappen aus dem BIM-Modell zugewiesen werden, die in einer Platzhalter-Klasse „IfcBuildingElementProxy“ hinterlegt wurden, so kann die Eindeutigkeit nur über Filterung nach einem Klassifizierungs-Key erzielt werden. Hierzu kann grundsätzlich der Key eines beliebigen Klassifizierungsverfahrens (DBD-BIM, CAFM-Connect, Uniclass, Omniclass etc.) verwendet werden, sofern dieser zumindest eindeutig für die Komponente, idealerweise aber auch für die konkrete Bauart dieser Komponente ist. Im Beispiel wird für die Filterung der CAFM-Connect-Key verwendet, wobei die Brandschutzklappe als „430.53“ (der DIN 276-Kostengruppe, ergänzt um zwei Nachkommastellen) definiert wurde. In DBD-BIM und damit auch im PSet der IFC-Datei wird der CAFM-Connect-Key im Attribut „DBD_BIMTaxonomy_DBD_CAFM_Connect“ hinterlegt, sodass das Filterkriterium in der Syntax von RIB FM BIM wie folgt zu hinterlegen ist: Contains (DBD_BIMTaxonomy_DBD_CAFM_Connect, „430.53“). Liefert diese Filterbedingung den Wert „true“ zurück, werden auch die relevanten Attribute von CAFM- und IFC-Brandschutzklappe miteinander verknüpft.

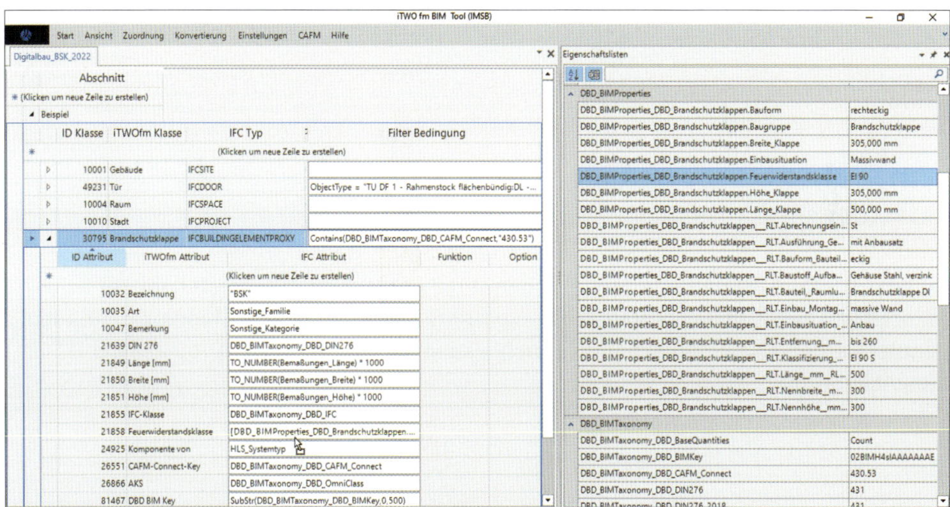

Quelle: RIB IMS GmbH, Software „RIB FM BIM-Tool, Version 2.0.5“

Bild 44: RIB FM BIM-Mapping-Tool: Zuordnung von IFC-Attributen zu Attributen der CAFM-Klasse „Brandschutzklappe“. Die Attributzuordnung erfolgt per Drag & Drop aus dem Eigenschaftsfenster in das Zuordnungsfenster im Zentrum.

Neben den von DBD-BIM eingetragenen Merkmalen der DIN BIM Cloud enthalten IFC-Modelle häufig auch weitere Merkmale, die entweder aus dem IFC-Standard selbst oder aus externen Quellen in das Modell übernommen wurden.

Im RIB FM BIM-Mapping Tool werden die DBD-BIM-Merkmale in der Rubrik „Eigenschaftslisten" zusammengefasst. Merkmale aus dem IFC-Standard und externen Quellen, wie z. B. dem Autorensystem, werden in den Rubriken „Elemente" und „Mengen" aufgeführt, wodurch sich im Tool eine Gliederung in drei Bereiche ergibt:

- Elemente: direkte Eigenschaften der IFC-Entitäten
- Eigenschaftsliste: konkrete, spezifische Eigenschaftssätze, die aus unterschiedlichen Systemen stammen können. Die Systemzugehörigkeit kann über die Gruppierung und das Präfix erkannt werden. „Pset_" steht beispielsweise für den Propertyset nach buildingSMART und mit „DBD_BIM" werden die Propertysets aus DBD-BIM bezeichnet, die noch weiter untergliedert werden können.
- Mengen: die zugeordneten Mengen (Quantitysets) der IFC-Entität – wie im Autorensystem berechnet

Insbesondere für das Mapping der Klasse „Raum" haben die Quantities einen hohen Stellenwert. Denn hierüber können die im Autorensystem ermittelten Höhen, Durchmesser, Flächen und Volumina letztendlich an das CAFM-System übertragen werden.

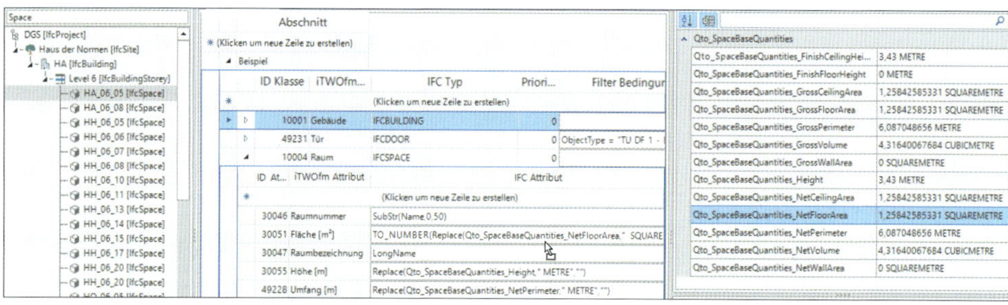

Quelle: RIB IMS GmbH, Software „RIB FM BIM-Tool, Version 2.0.5"

Bild 45: RIB FM BIM-Mapping-Tool: Flächenwerte werden von den Herstellern der Autorenwerkzeuge in den „Quantities" exportiert und können beim Mapping der Räume genutzt werden. Die entsprechende Variable kann einfach per Drag&Drop aus der IFC- in die CAFM-Struktur gezogen werden.

Frage

Können auch IFC-Dateien gemappt werden, die weder komponentenscharfe IFC-Klassen noch Klassifizierungs-Keys enthalten?

Antwort

Ja. Dem Anwender steht es frei, beliebige eigene Filter zu definieren. Wurde beispielsweise in den AIA vereinbart, dass alle wartungsrelevanten Brandschutzklappen im Attribut „Name" als „#CAFM-BSK" zu bezeichnen sind, so ist auch dies eine gültige Definition. Die Filterung erfolgt dann über den Funktionsaufruf: Contains (Name, „#CAFM-BSK"). Über das Mapping kann der Brandschutzklappe dann ein anderer Name (beispielsweise BSK 01) zugewiesen werden.

Frage

Ist nur ein 1:1 Mapping möglich? Wie gehen Mapping-Tools mit Unschärfen um?

Antwort

Das Ziel des Mappings ist es, jedem IFC-Merkmal ein CAFM-Attribut 1:1 zuzuweisen. In der Praxis ist das nicht immer möglich, da die Datentypen und -formate in der CAFM-Datenbank vom IFC-Datentyp/-format abweichen können. Häufig müssen Textfelder in Zahlenfelder, boolesche Werte (ja/nein) umgewandelt oder anderweitig modifiziert werden. Für eine Durchführung der Konvertierungsarbeiten steht beispielsweise in RIB FM BIM ein Funktionseditor bereit.

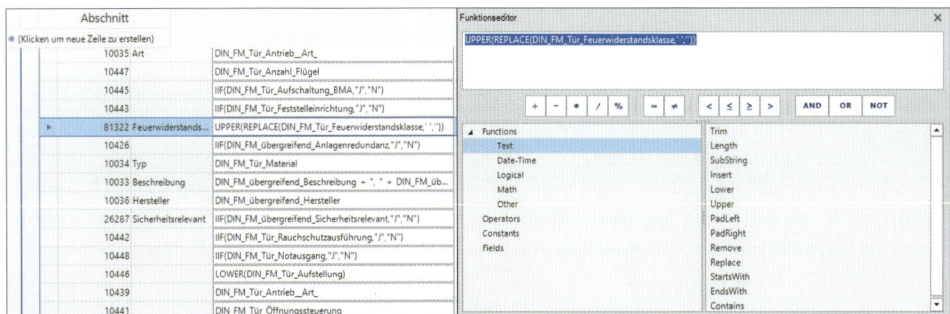

Quelle: RIB IMS GmbH, Software „RIB FM BIM-Tool, Version 2.0.5"

Bild 46: Funktionseditor in RIB FM BIM. Es stehen eine Vielzahl an Funktionen zur „Just-in-time"-Modifikation der im BIM-Modell vorgefundenen Datenformate zur Verfügung.

Für komplexe Datenmanipulationen steht in RIB FM BIM ein weiterer Mechanismus zur Verfügung. Über eine in PL/SQL zu programmierende Datenbank-Funktion kann das IFC-Attribut nahezu beliebig umformatiert oder anderweitig in einen Bezug zu anderen CAFM-Daten gebracht werden. Die in der Datenbank verfügbaren Funktionen können aus einer Auswahlbox ausgewählt werden. Darin noch fehlende Funktionalitäten lassen sich projektspezifisch ergänzen.

Im Bild 48 wird die Funktion „F_BIM_ADD_COMPANY“ für den Import des Attributs „Hersteller“ gewählt, da der Hersteller im CAFM-System als Zeigerobjekt zu erfassen ist. Zum Zeitpunkt der Zuweisung muss der betreffende Hersteller bereits in der Datenbank vorhanden sein, damit eine solche Zuweisung auch möglich ist. Die Funktion prüft, ob dies der Fall ist. Wenn nicht, wird der Hersteller als neues Objekt in der Datenbank erfasst und im nächsten Schritt auf dieses Objekt verzeigert.

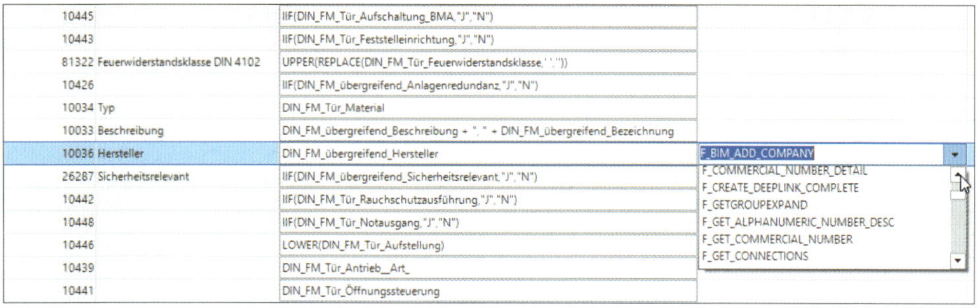

10445		IIF(DIN_FM_Tür_Aufschaltung_BMA,"J","N")	
10443		IIF(DIN_FM_Tür_Feststelleinrichtung,"J","N")	
81322	Feuerwiderstandsklasse DIN 4102	UPPER(REPLACE(DIN_FM_Tür_Feuerwiderstandsklasse,' ',''))	
10426		IIF(DIN_FM_übergreifend_Anlagenredundanz,"J","N")	
10034	Typ	DIN_FM_Tür_Material	
10033	Beschreibung	DIN_FM_übergreifend_Beschreibung + ", " + DIN_FM_übergreifend_Bezeichnung	
10036	Hersteller	DIN_FM_übergreifend_Hersteller	F_BIM_ADD_COMPANY
26287	Sicherheitsrelevant	IIF(DIN_FM_übergreifend_Sicherheitsrelevant,"J","N")	
10442		IIF(DIN_FM_Tür_Rauchschutzausführung,"J","N")	
10448		IIF(DIN_FM_Tür_Notausgang,"J","N")	
10446		LOWER(DIN_FM_Tür_Aufstellung)	
10439		DIN_FM_Tür_Antrieb__Art_	
10441		DIN_FM_Tür_Öffnungssteuerung	

F_COMMERCIAL_NUMBER_DETAIL
F_CREATE_DEEPLINK_COMPLETE
F_GETGROUPEXPAND
F_GET_ALPHANUMERIC_NUMBER_DESC
F_GET_COMMERCIAL_NUMBER
F_GET_CONNECTIONS

Quelle: RIB IMS GmbH, Software „RIB FM BIM-Tool, Version 2.0.5“

Bild 47: Nutzung datenbankbasierter Funktionen zur nachträglichen Datenbearbeitung. Die Funktionen können in PL/SQL programmiert und in der CAFM-Datenbank hinterlegt werden.

Frage

Wie gelangt das durchgeführte Mapping in die CAFM-Datenbank?

Antwort

Das Mapping-Tool ist autark – ohne RIB FM – lauffähig, sodass das Mapping auch durch Dritte, z. B. durch Implementierungspartner, erfolgen kann. Das Tool wird über einen „Connection-String“ mit folgendem Aufbau mit der CAFM-Datenbank des Endkunden verbunden:

Host=xxx;User ID=xxx;Password=xxx;Direct=true;Service Name=xxx;Port=xxx

Die Datenbankverbindung ist einmalig bei der Erstinstallation des Tools einzurichten und kann danach verschlüsselt werden, um unbefugten Zugriff zu verhindern.

Der genaue Ablauf des Mappings wird in der Antwort zur nachfolgenden Frage beschrieben.

Frage

Wie ist der genaue Ablauf und wie funktioniert die Zuordnung von Türen und Fenstern zu Räumen sowie der Import der BIM-Grafik?

Antwort

Die Ausführung des Mapping erfolgt immer in derselben Reihenfolge:

1) Laden von IFC-Datei und Mapping-Vorschriften
2) Ausführung der Infrastruktur-Vorschrift
3) Ausführung der Komponenten-Vorschriften
4) Zuordnung von Türen und Fenstern zu Räumen
5) Überführung der BIM-Grafik in den BIM-Viewer der CAFM-Anwendung

Es empfiehlt sich, für ein Mapping drei oder mehrere getrennte Zuordnungsvorschriften zu erstellen, sodass diese getrennt voneinander aufgerufen werden können. Insbesondere im Hinblick auf spätere Ergänzungen oder Aktualisierungen des BIM-Modells im CAFM-System ist diese Vorgehensweise vorteilhaft.

1) Infrastruktur: Gebäude, Geschoss, Raum
2) Türen und Fenster: Türen und Fenster
3) Bauteile: Entweder eine Vorschrift für alle zu mappenden Komponenten oder getrennte Vorschriften pro Gewerk „Heizung", „Klimaanlage", „Lüftung", „Sanitär", „Elektro" etc.

Die Infrastruktur-Vorschrift sollte das Mapping der Standortklassen Gebäude, Geschoss, Raum beinhalten und muss naturgemäß zuerst aufgerufen werden, damit die nachfolgend aufgerufenen Komponenten-Vorschriften den dann im CAFM-System bereits existierenden Standorten zugeordnet werden können.

Die Komponenten-Vorschriften können in beliebiger Reihenfolge aufgerufen werden, sofern nicht eine der Vorschriften Standortbezüge enthält – die in diesem Fall vorrangig aufzurufen wäre.

Die eigentliche Ausführung der Mapping-Vorschrift, also Datenimport in die CAFM-Datenbank, erfolgt nach deren Selektion in der Auswahlbox und anschließendem Klick auf das „Starten"-Symbol (grüner Pfeil).

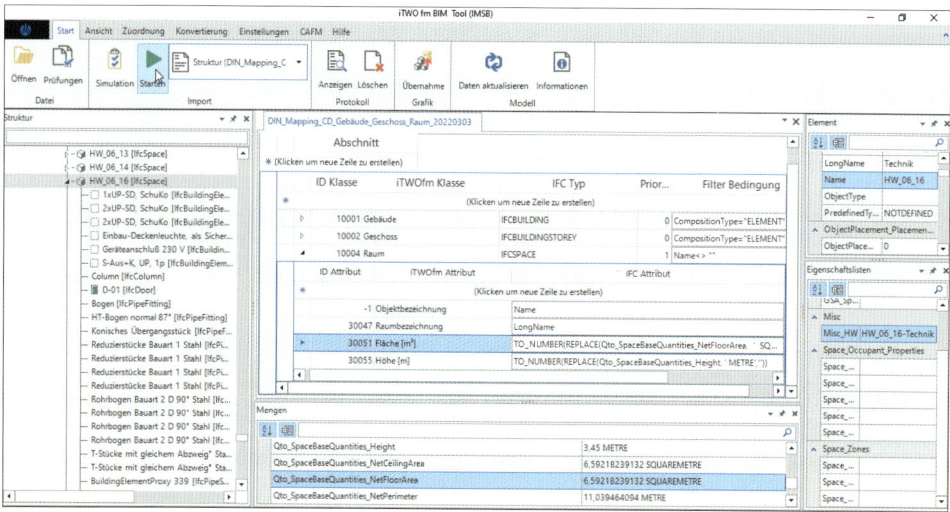

Quelle: RIB IMS GmbH, Software „RIB FM BIM-Tool, Version 2.0.5"

Bild 48: Über den grünen Pfeil „Starten" wird die ausgewählte Mapping-Vorschrift aufgerufen. Es können mehrere Vorschriften erstellt werden, wobei zwei Vorschriften „Infrastruktur" (Standortklassen) und „Bauteile" (Komponenten) obligatorisch sind. Die Standortvorschrift ist grundsätzlich zuerst aufzurufen!

Wurden alle Vorschriften durchgeführt, so ist in den Fällen, in denen nicht bereits im Autorenwerkzeug Fenster und Türen konkreten Räumen zugewiesen worden sind, nun nachträglich eine Beziehung von Fenstern und Türen zu Räumen herzustellen. Dies ist nur möglich, wenn Fenster und Türen bereits im Autorenwerkzeug der Klasse IfcRelSpaceBoundary zugeordnet worden sind, so wie dies beispielsweise in Revit der Fall ist. Außerdem müssen zuvor die Importvorschriften „Infrastruktur" (Gebäude, Geschoss, Raum) und „Türen und Fenster" aufgerufen worden sein. Denn die Standortzuweisung von Türen und Fenstern zu Räumen wird in der Datenbank durchgeführt. Räume, Türen und Fenster müssen zu diesem Zeitpunkt daher bereits in der Datenbank vorhanden sein. Ist dies nicht der Fall, weist ein entsprechender Eintrag im Ausführungsprotokoll des BIM-Tools auf diesen Umstand hin: „Can't change location, cause object with key:3HxgU8JNx2JP2quuKkFocs is not there. Please import first!"

Quelle: RIB IMS GmbH, Software „RIB FM BIM-Tool, Version 2.0.5"

Bild 49: Wurden Räume, Türen und Fenster in der Datenbank angelegt, so können Türen und Fenstern nachträglich die Räume als Standorte zugewiesen werden, die in IfcRelSpaceBoundary spezifiziert worden sind.

Waren die Standortänderungen erfolgreich, weist ein Dialog auf das positive Ergebnis hin.

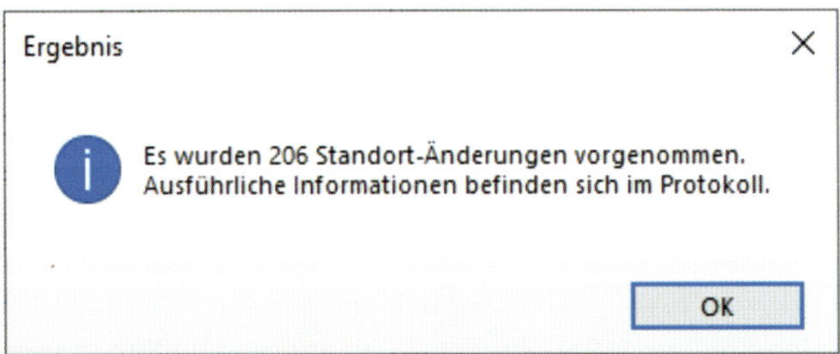

Quelle: RIB IMS GmbH, Software „RIB FM BIM-Tool, Version 2.0.5“

Bild 50: Bestätigung der Zuordnung von Türen und Fenstern nach Vorgabe durch die IFC-Klasse IfcRelSpaceBoundary

Wurden alle BIM-Entitäten alphanumerisch importiert und den richtigen Räumen zugewiesen, verbleibt als letzter Schritt der Import des grafischen BIM-Modells. Dies erfolgt per Klick auf den Button „Übernahme Grafik“ und anschließende Auswahl des Icons „Neu“. Nach Klicken dieses Icons ist eine Bezeichnung zu vergeben und es erfolgt die Überführung des grafischen BIM-Modells. Nach erfolgtem Import werden Importdatum und -uhrzeit im Dialog ausgewiesen. Im Beispiel von Bild 52 wurde ein BIM-Geschossplan importiert. Zusätzlich könnte auch ein gebäudeübergreifender Gewerkplan (z. B. Lüftungsanlage) importiert werden, sodass der Anwender sich diese, nach Auswahl einer Komponente (z. B. einer Brandschutzklappe), im Objektbaum, im Geschossplan oder dem übergreifenden Gewerkplan anzeigen lassen kann.

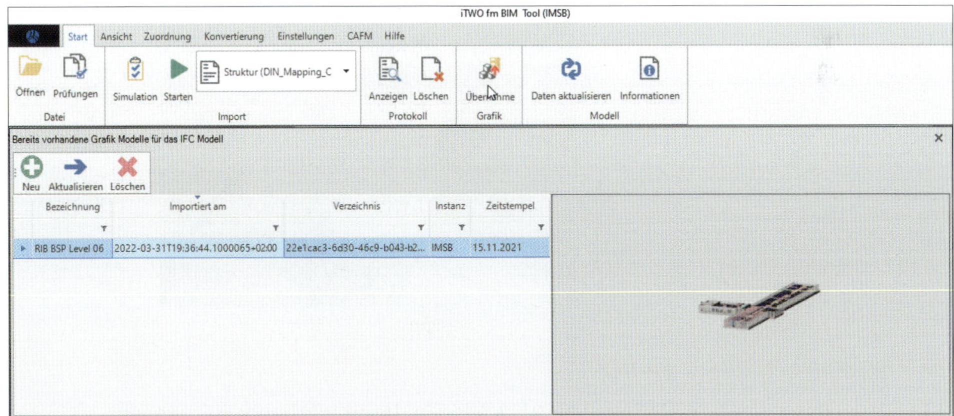

Quelle: RIB IMS GmbH, Software „RIB FM BIM-Tool, Version 2.0.5“

Bild 51: Import der BIM-Grafik aus der geöffneten IFC-Datei nach Aufruf des Buttons „Übernahme Grafik“ und anschließendem Klick auf das Icon „Neu“

4.2 Was passiert mit meinem Modell im CAFM?

Beim Import des BIM-Modells wird im CAFM-System der Objektbaum (Standortbaum) analog zur BIM-Struktur aufgebaut – aber mit den bei den Räumen verorteten Türen, Fenstern und Komponenten. Über die Objektsuche kann danach im CAFM-System gezielt nach diesen neuen Klassen und Objekten – je nach Wunsch auch eingegrenzt auf konkrete Attributwerte – gesucht werden.

Die alphanumerischen Merkmale des gefundenen Objekts (Gebäude, Geschoss, Raum, Tür, Fenster, Komponente etc.) werden in einem „Detailfenster“ zusammengefasst und die Position des Objekts kann über ein Icon im Standortbaum markiert werden. Der umgekehrte Weg, die Selektion des Objekts im Standortbaum mit anschließender Anzeige des Detailfensters, ist ebenfalls möglich.

Im Beispiel Bild 53 wurde im Standortbaum eine Brandschutzklappe (Damper) selektiert, dazu über das Kontextmenü das Detailfenster aufgerufen und die zugehörige Brandschutzklappe im BIM-Modell angezeigt. Über das Kontextmenü wäre auch ein direkter Aufruf der bei diesem Objekt hinterlegten historischen Informationen, Reports, Tabellen und über spezifische Tabellenauswertungen sogar der Absprung in Wartungspläne und -aufträge möglich.

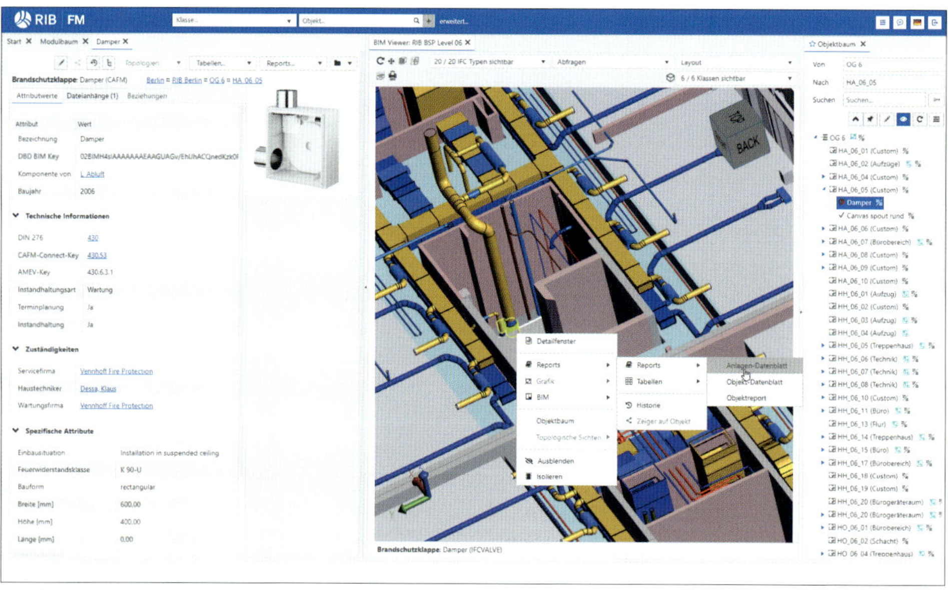

Quelle: RIB IMS GmbH, Software „RIB FM 6.0“

Bild 52: Anzeige des BIM-Modells im CAFM-System. Im Objektbaum werden alle importierten Objekte aufgeführt. Über den DBD-BIM- und den CAFM-Connect-Key ist auch eine Zuordnung zu Wartungsrichtlinien möglich. Über einen Web-Service können die an anderer Stelle (bei FM-Dienstleistern oder Organisationen wie AMEV, VDMA, Rödl & Partner) hinterlegten Tätigkeiten direkt dem Objekt im CAFM-System zugeordnet werden.

Das Detailfenster ist Dreh- und Angelpunkt des Objekts. In ihm werden die aus dem BIM-Modell importierten und auch die später ergänzten Attribute – nach Oberbegriffen gruppiert – angezeigt.

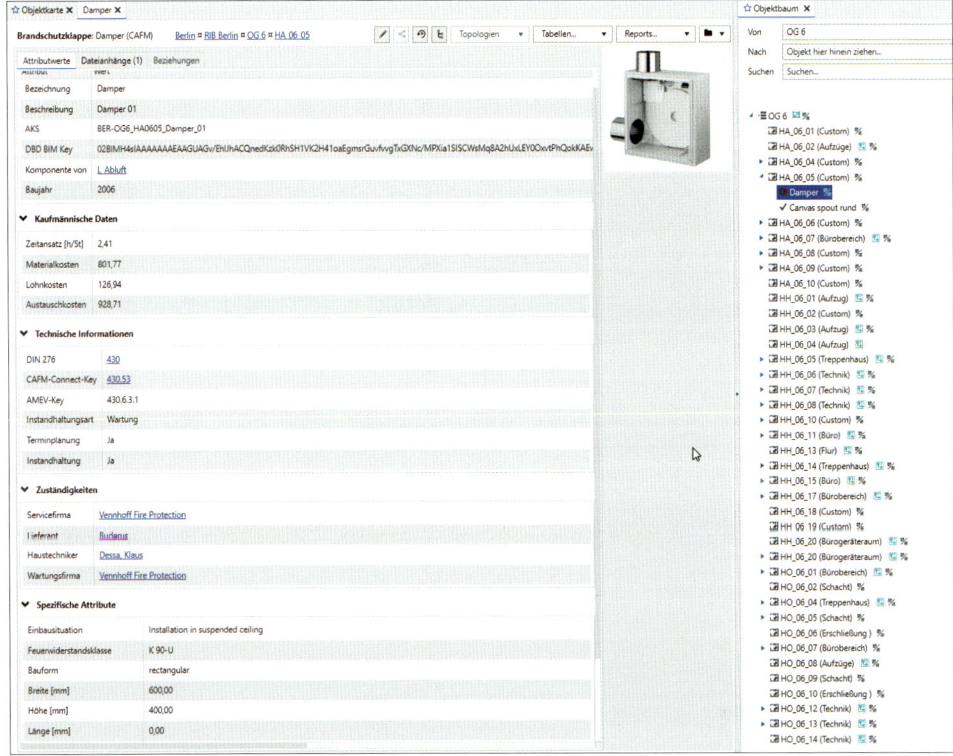

Quelle: RIB IMS GmbH, Software „RIB FM 6.0"

Bild 53: Detailfenster im CAFM-System mit Merkmalen einer Brandschutzklappe. CAFM-Connect- und AMEV-Key werden bei der Klassifizierung standardmäßig aus DBD-BIM an das Autorensystem und dann per IFC-Import ans CAFM-System übertragen.

Wichtige Attribute

– AKS: Anlagenkennzeichnugsschlüssel, ein systemweit eindeutiger Bezeichner für die im Detailfenster angezeigte Komponente. Der AKS kann automatisch beim Import über eine Regel erzeugt werden und muss nicht zwingend im BIM-Modell vorhanden sein. Die eindeutige Kennzeichnung der Komponente kann auch über einen QR- oder Barcode hergestellt werden, der innerhalb eines vordefinierten Zahlenbereichs hochgezählt wird und die Komponente ist dann mit dem entsprechenden QR- oder Barcode-Etikett zu versehen.

– DBD-BIM-Key: Weltweit eindeutiger Key zur Identifizierung einer konkreten Bauteilgruppe (Komponentenklasse) mit ihren Merkmalen und Ausprägungen. Über diesen Key kann jederzeit der Rücksprung ins Klassifizierungssystem erfolgen, um beispielsweise zum Ersatzzeitpunkt der Komponente die kaufmännischen Daten zu aktualisieren.

- Komponente von: Kennzeichnung der Systemzugehörigkeit. Ist dieses Attribut systemweit eindeutig, kann darüber automatisch ein TGA-Strukturbaum im CAFM-System angelegt werden (hier: die Brandschatzklappe ist Teil des Abluftstrangs „L_Abluft" der Lüftungsanlage).
- CAFM-Connect-Key: Wichtiger Klassifizierungskey (auch bekannt als DIN 276 x-Key oder REG-IS-Key), über den eine automatische Zuordnung von Richtlinien via REG-IS oder zu den im CAFM-System hinterlegten VDMA-Tätigkeiten möglich ist. Er wird als Standard-Klassifizierungsmerkmal aus der DBD-BIM importiert.
- AMEV-Key: Wichtiger Klassifizierungskey, über den eine automatische Zuordnung von AMEV-Richtlinien im CAFM-System möglich ist. Auch der AMEV-Key ist ein Standard-Klassifizierungsmerkmal, importiert aus DBD-BIM.
- Spezifische Attribute: Diese weiteren Standard-Klassifizierungsmerkmale werden ebenfalls aus der DBD-BIM importiert.

Wurde der AMEV-Key mit exportiert, ist eine automatische Zuordnung der Wartungstätigkeiten nach AMEV in Wartungsplänen und -aufträgen möglich. In der nachfolgenden Abbildung werden die für die Wartung einer konkreten Brandschutzklappe (im BIM-Viewer gelb markiert) durchzuführenden Wartungstätigkeiten in Form eines Wartungsauftrags angezeigt. Dieser Wartungsauftrag kann nach Selektion der Komponente im BIM-Viewer über den Kontextmenüeintrag Tabellen → „IM_Betroffene_Vorgänge" direkt aufgerufen werden.

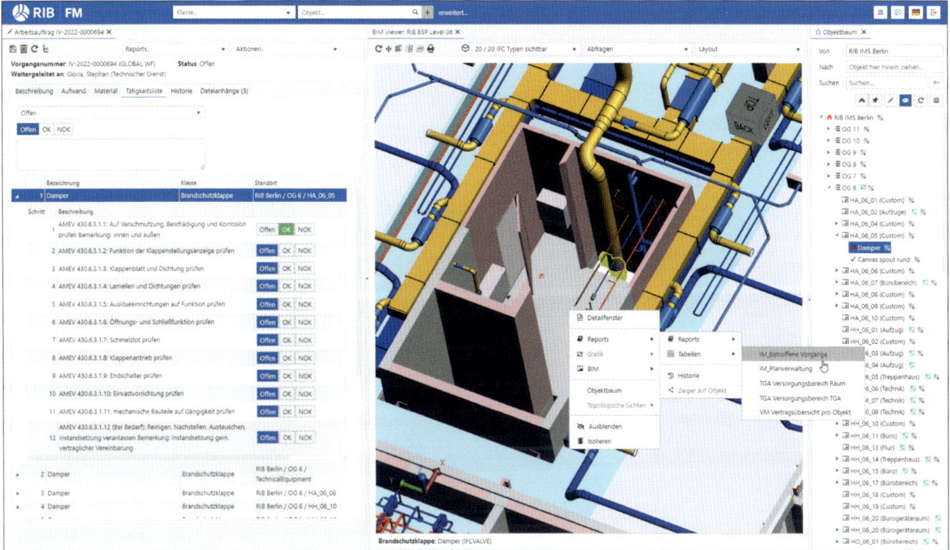

Quelle: RIB IMS GmbH, Software „RIB FM 6.0“

Bild 54: Über das Detailfenster als zentralem Daten-Hub können Wartungspläne und -aufträge passend zur ausgewählten Komponente (hier: Brandschutzklappe) aufgerufen werden. Wurde ein CAFM-Connect-Key aus dem BIM-Modell importiert, sind automatisierte Absprünge in Betriebsprozesse möglich

In der Praxis erfolgt die Erfüllung der Wartungscheckliste durch den internen Techniker in einem mobilen Prozess per APP, der aus dem CAFM-System heraus gestartet wird. Die Wartungscheckliste steht am Ende auf dem mobilen Endgerät zur Verfügung. Der Prozess beginnt also im BIM-Modell mit der Hinterlegung des Klassifizierungskeys. Per Web-Service/BCF können dann die diesem Key zugeordneten Wartungstätigkeiten bei REG-IS oder FM-Dienstleistern abgerufen und im Autorensystem und/oder dem CAFM-System den Komponenten in Form von Wartungsvorlagen zugeordnet werden. Diese Vorlagen werden zu konkreten Wartungsplänen, wenn ein Startdatum für den Beginn des Wartungsprozesses sowie die involvierten Akteure (Vorgesetzter, Techniker, Objektverantwortlicher, externe Firma etc.) zugeordnet sind.

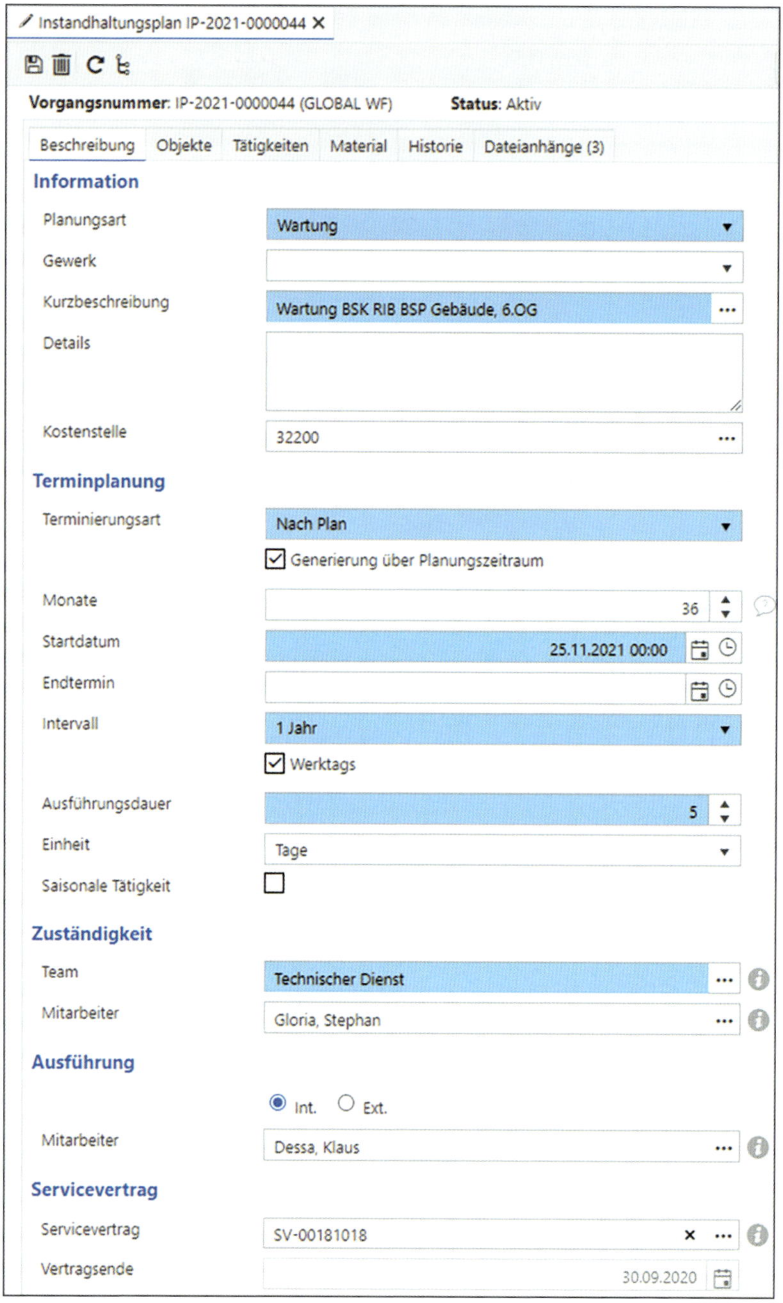

Quelle: RIB IMS GmbH, Software „RIB FM 6.0“

Bild 55: Wartungsplan – in der Registerkarte „Beschreibung“ werden die Rahmenbedingungen gesetzt, wie z. B. Startdatum, Team-Leiter (Zuständiger), Techniker (interner Ausführender) oder Firma (ausführende externe Firma). Diese Informationen sind erst in der Betriebsphase bekannt und können daher nicht aus der Planungsphase importiert werden.

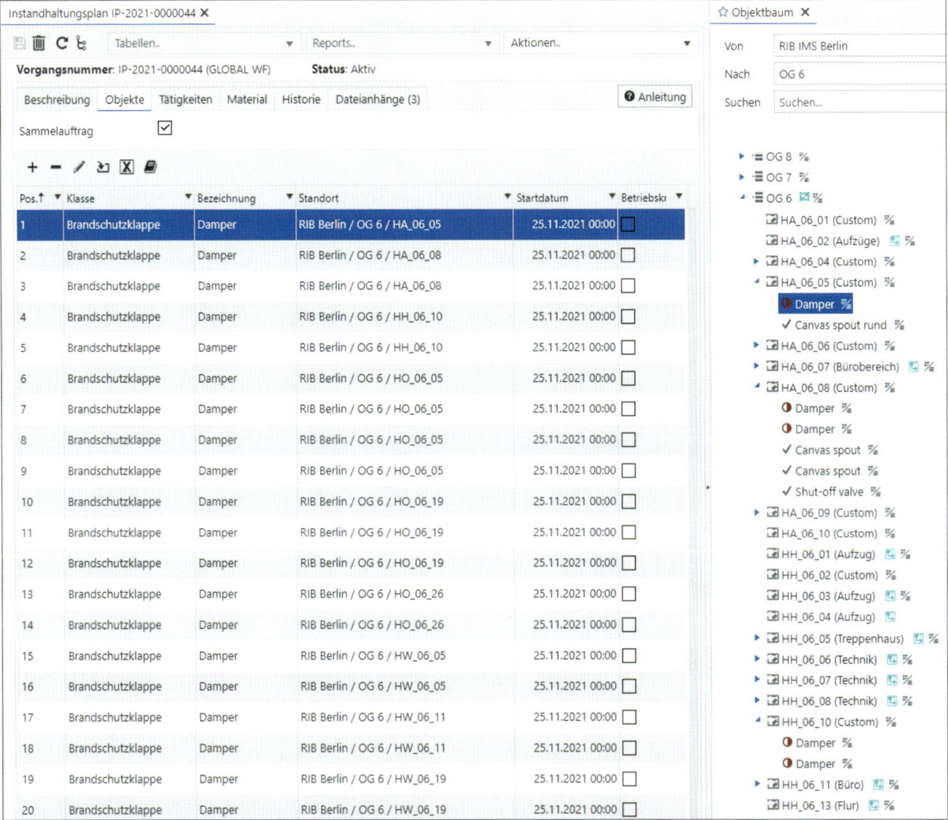

Quelle: RIB IMS GmbH, Software „RIB FM 6.0“

Bild 56: Wartungsplan – in der Registerkarte „Objekte“ werden alle gleichartigen Komponenten einer Organisationseinheit (hier: alle Brandschutzklappen mit AMEV-Key 6.3. des 6. OGs) zusammengestellt. Dieser Zuordnungsschritt kann durch Hinterlegung eines Klassifizierungskeys (hier: AMEV-Key) bei den Komponenten im BIM-Modell automatisiert werden.

Instandhaltungsplan IP-2021-0000044 ×

Tabellen.. | Reports.. | Aktionen..

Abgeschlossen
Inaktiv
Aufträge erzeugen/aktualisieren
Vorlage erstellen

Vorgangsnummer: IP-2021-0000044 (GLOBAL WF) **Status**: Aktiv

Beschreibung | Objekte | Tätigkeiten | Material | Historie | Dateianhänge (3)

Tätigkeiten übernehmen ☑ Geplanter A...

Pos.	Beschreibung	Dauer h	Dauer min	Intervall	Zuständigkeit	Ausführung
1	AMEV 430.6.3.1.1: Auf Verschmutzung, Beschädigung und Korrosion prüfen Bemerkung: innen und außen	0 h	0 min	1 Jahr		
2	AMEV 430.6.3.1.2: Funktion der Klappenstellungsanzeige prüfen	0 h	0 min	1 Jahr		
3	AMEV 430.6.3.1.3: Klappenblatt und Dichtung prüfen	0 h	0 min	1 Jahr		
4	AMEV 430.6.3.1.4: Lamellen und Dichtungen prüfen	0 h	0 min	1 Jahr		
5	AMEV 430.6.3.1.5: Auslöseeinrichtungen auf Funktion prüfen	0 h	0 min	1 Jahr		
6	AMEV 430.6.3.1.6: Öffnungs- und Schließfunktion prüfen	0 h	0 min	1 Jahr		
7	AMEV 430.6.3.1.7: Schmelzlot prüfen	0 h	0 min	1 Jahr		
8	AMEV 430.6.3.1.8: Klappenantrieb prüfen	0 h	0 min	1 Jahr		
9	AMEV 430.6.3.1.9: Endschalter prüfen	0 h	0 min	1 Jahr		
10	AMEV 430.6.3.1.10: Einrastvorrichtung prüfen	0 h	0 min	1 Jahr		
11	AMEV 430.6.3.1.11: mechanische Bauteile auf Gängigkeit prüfen	0 h	0 min	1 Jahr		
12	AMEV 430.6.3.1.12 (Bei Bedarf): Reinigen, Nachstellen, Austauschen, Instandsetzung veranlassen Bemerkung: Instandsetzung gem. vertraglicher Vereinbarung	0 h	0 min	1 Jahr		

Quelle: RIB IMS GmbH, Software „RIB FM 6.0"

Bild 57: Wartungsplan – in der Registerkarte „Tätigkeiten" werden alle Wartungstätigkeiten zugeordnet (hier: nach AMEV). Dieser Zuordnungsschritt kann durch Hinterlegung eines Klassifizierungskeys (hier: AMEV-Key 430.6.3.1) bei den Komponenten (hier: Brandschutzklappen) im BIM-Modell automatisiert werden, sodass Vorlagen für Wartungspläne erstellt werden können. Nach Ausfüllen der Registerkarte „Beschreibung" können über die Auswahlbox „Aktionen" konkrete Wartungsaufträge erzeugt werden.

Arbeitskarte für KG 430 Lufttechnische Anlagen (ohne Kälteanlagen)

Leistungs-kennziffer				Inspektions- und Wartungsarbeiten	Fristen 1-monatl.	3-monatl.	6-monatl.	12-monatl	24-monatl	bei Bedarf	Bemerkungen
6	**3**	**0**	**0**	**Brandschutz-/ Rauchschutzklappen**							
6	**3**	**1**	**0**	**Funktionelle Maßnahmen**							
				Prüfzeugnisse, Herstellervorgaben, Vorgaben des Prüfsachverständigen und sonstige objektspezifische Vorgaben (z. B. Festlegungen zu verkürzten Prüfzyklen) sind zu beachten							
6	3	1	1	Auf Verschmutzung, Beschädigung und Korrosion prüfen				x			innen und außen
6	3	1	2	Funktion der Klappenstellungsanzeige prüfen				x			
6	3	1	3	Klappenblatt und Dichtung prüfen				x			
6	3	1	4	Lamellen und Dichtungen prüfen				x			
6	3	1	5	Auslöseeinrichtungen auf Funktion prüfen				x			
6	3	1	6	Öffnungs- und Schließfunktion prüfen				x			
6	3	1	7	Schmelzlot prüfen							
6	3	1	8	Klappenantrieb prüfen				x			
6	3	1	9	Endschalter prüfen				x			
6	3	1	10	Einrastvorrichtung prüfen				x			
6	3	1	11	mechanische Bauteile auf Gängigkeit prüfen				x			
6	3	1	12	Reinigen, Nachstellen, Austauschen, Instandsetzung veranlassen						x	Instandsetzung gem. vertraglicher Vereinbarung

Quelle: AMEV-online, Wordformulare-Arbeitskarten_410-480_05-2022 (https://www.amev-online.de/AMEVInhalt/Betriebsfuehrung/Vertragsmuster/Wartung%202018/)

Bild 58: AMEV-Arbeitskarte mit Muster Leistungskatalog (hier: AK zu KG 430, Leistungskennziffer 6.3.1)

Das in das CAFM-System importierte BIM-Modell kann vielfältig genutzt werden. Beispielsweise ist auch eine Erstellung grafischer Abfragen – analog zu den bislang üblichen Flächeneinfärbungen in 2D-CAD-Plänen – möglich. Beliebige Attribute einer CAFM-Klasse können so ausgewertet werden.

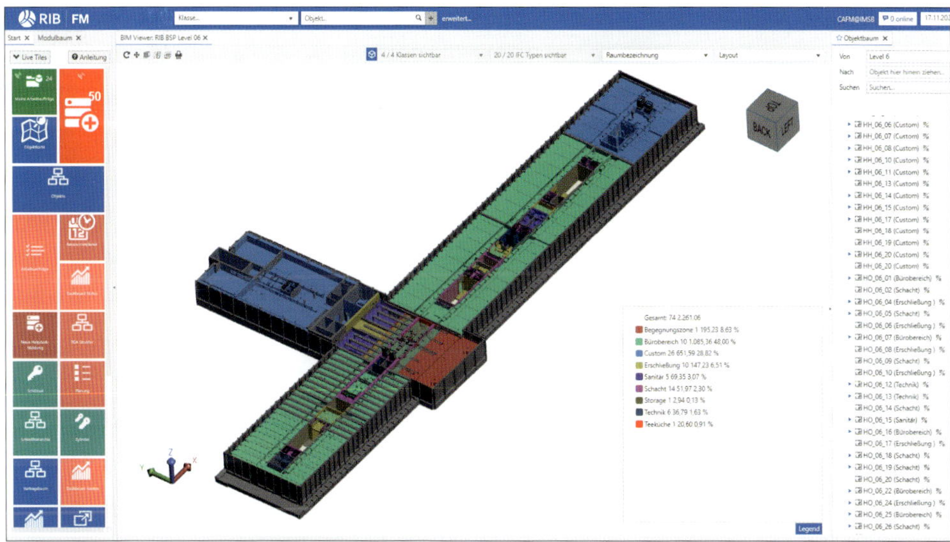

Quelle: RIB IMS GmbH, Software „RIB FM 6.0“

Bild 59: Flächeneinfärbung eines BIM-Geschossplans im RIB FM BIM-Viewer. Im Beispiel wird das Attribut „Objektbezeichnung“ ausgewertet, das auch im Objektbaum in Klammern mit aufgeführt wurde.

Wird das BIM-Modell direkt beim Gebäude (über den Menüeintrag „BIM“ im Kontextmenü des Objektbaums) aufgerufen, so können dort (nach erfolgtem Import als IFC-Datei) die Gewerkmodelle in der gebäudeübergreifenden Sicht angezeigt werden. Im Bild 60 wird das 3D-Gebäudemodell des Lüftungs-Gewerks angezeigt. Der Abluftstrang ist orangefarben, der Zuluftstrang blau eingefärbt. In der Mitte wurde eine Brandschutzklappe selektiert (gelb), deren Detailinformationen rechts neben dem BIM-Modell angezeigt werden. Der CAFM-Connect-Key ist dort ebenfalls mit aufgeführt.

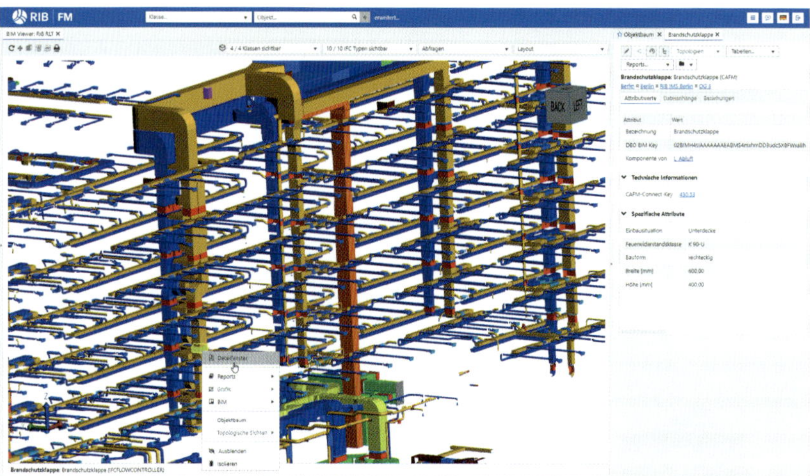

Quelle: RIB IMS GmbH, Software „RIB FM 6.0“

Bild 60: Gebäudeübergreifende Sicht auf das Lüftungsgewerk. Erfolgt der Aufruf der Gewerksicht vom Gebäude aus (per Selektion im Objektbaum), wird stets die gebäudeübergreifende Sicht gewählt.

Erfolgt der Aufruf hingegen vom Geschoss aus, werden – zur besseren Übersicht – nur die Komponenten des Gewerks angezeigt, die in diesem Geschoss verortet sind.

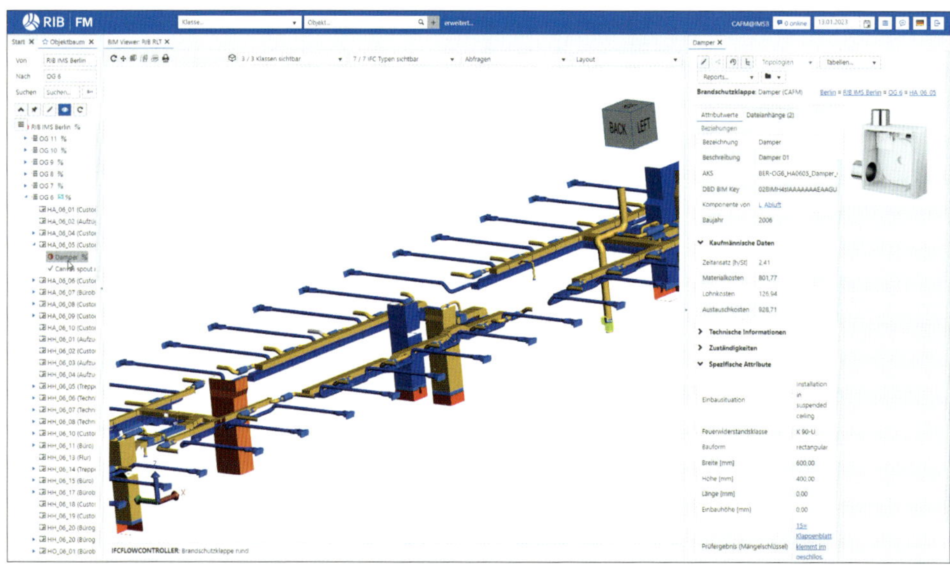

Quelle: RIB IMS GmbH, Software „RIB FM 6.0“

Bild 61: Geschosssicht auf das Lüftungsgewerk. Wird der Gewerkplan vom Geschoss oder über die Komponente selbst aus dem Objektbaum aufgerufen, werden nur die Bauteile dieses Geschosses angezeigt. Unten in Gelb die Brandschutzklappe!

5 BIM und Normen

Es gibt zwei Formen der Regelsetzung, die gesellschaftliche und die technische. Die gesellschaftliche Regelsetzung ist hinlänglich bekannt, denn das ist die Politik. Neben der gesellschaftlichen Regelsetzung gibt es die technische Regelsetzung und das ist die Erstellung von Normen und Standards. An der Gestaltung dieser Regeln können Unternehmen und Organisationen selbst mitwirken. Beispielsweise indem sich die Unternehmen in der Normung bei DIN engagieren. Grundsätzlich kann sich jeder an der Normung und Standardisierung beteiligen, entweder indem man sich als Experte in einem Normenausschuss einbringt oder indem man Entwürfe von zukünftigen Normen kommentiert. Durch die Mitarbeit in der Normung erfahren Unternehmen und Organisationen frühzeitig, woran gerade gearbeitet wird und welche Normen und Standards in naher Zukunft erarbeitet und veröffentlicht werden – und das beste: Sie können diese aktiv mitgestalten und die Meinung ihrer Institution oder Organisation hier vertreten und mit einbringen.

5.1 Was hat BIM mit Normung zu tun und warum brauchen wir BIM-Normen?

BIM würde ohne Normen und Standards nicht funktionieren. Warum? Bei BIM kommen viele Akteure zusammen, die miteinander reden, sich eng abstimmen und kooperieren müssen. Die Architekten und Fachplaner müssen sich über ihre BIM-Modelle austauschen, diese miteinander abstimmen und kommunizieren. Das kann bei kleineren Projekten direkt erfolgen oder bei größeren Projekten über einen BIM-Manager oder über einen BIM-Koordinator. Aber egal ob großes oder kleines Projekt, sie müssen die gleiche Sprache sprechen. Das heißt, sie müssen das gleiche Verständnis für die verwendeten Begriffe haben. Was verstehen die Beteiligten unter BIM? Was macht der BIM-Manager und welche Funktion hat der BIM-Koordinator? Was ist eine AIA und was genau versteht man unter einem BIM-Abwicklungsplan? Dafür benötigen wir Normen, und zwar Terminologie-Normen. Diese legen Definitionen zu den BIM-Begriffen fest, damit alle BIM-Beteiligten auf dem gleichen Wissenstand sind. Normen erfüllen damit eine Grundvoraussetzung für erfolgreiche BIM-Projekte.

Darüber hinaus einigen wir uns mit Normen und Standards auf Spielregeln. Sie geben Hilfestellungen bei der Abwicklung von BIM-Projekten. So werden beispielsweise die Informationsprozesse über den gesamten Gebäudelebenszyklus aufgezeigt. Was das genau heißt? Es wird dargestellt, wer welche Information wann und von wem in welchem Detaillierungsgrad benötigt und wer sie wem bereitzustellen hat.

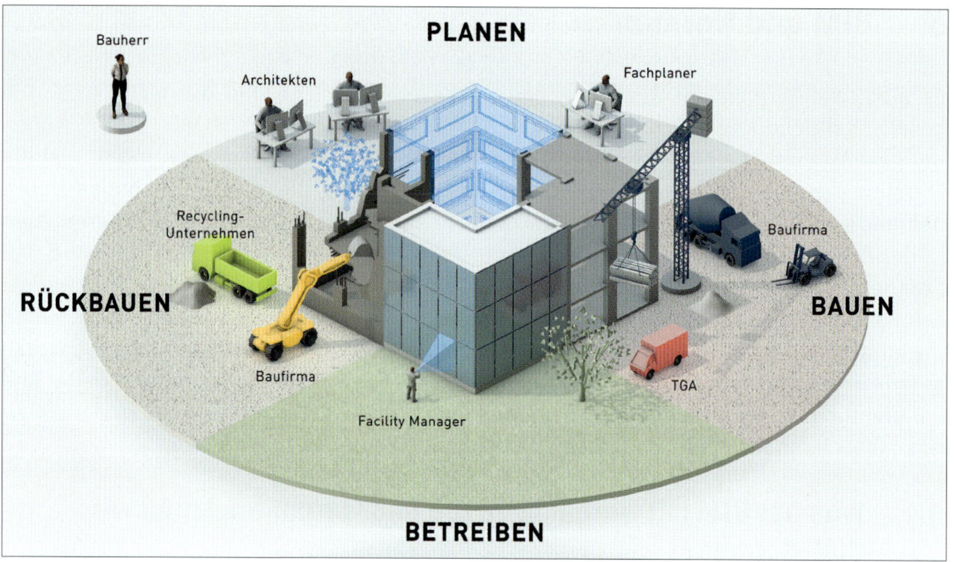

Quelle: DIN e. V.

Bild 62: Gebäudelebenszyklus von Bauwerken

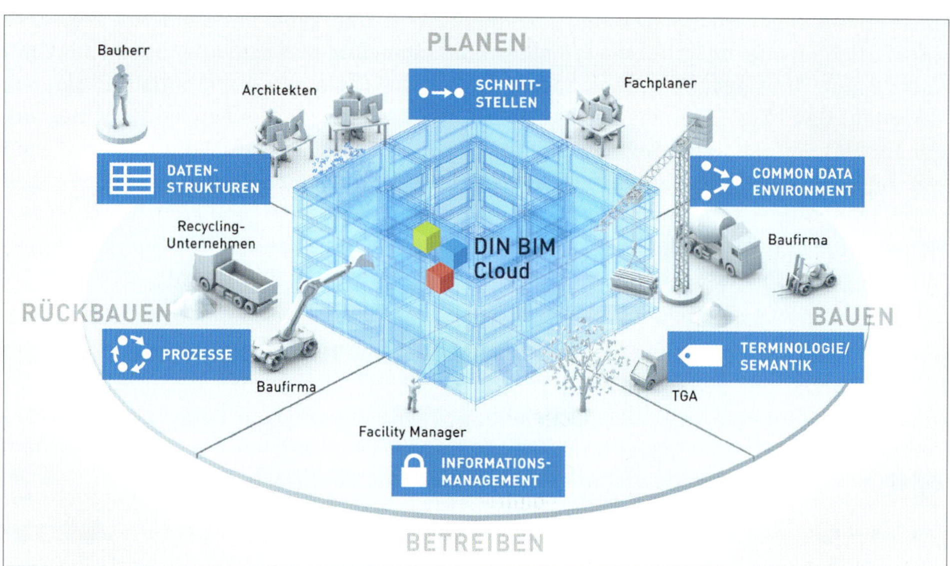

Quelle: DIN e. V.

Bild 63: BIM-Normung anhand des Gebäudelebenszyklus

Im Bild 63 werden Themen aufgezeigt, zu denen bereits Normen und Standards herausgegeben wurden. Nicht alle Normen aus diesem Bereich sind für alle BIM-Beteiligten relevant. Davon sollte man sich nicht abschrecken lassen. In einigen Normen werden z. B. Datenformate oder Schnittstellen technisch beschrieben. Andere wiederum liefern Informationen dazu, wie Softwareunternehmen ihre Softwarelösungen aufbauen und strukturieren sollten, damit der Datenaustausch möglichst fehlerfrei funktioniert. Hier sollte man sich vorher informieren, wer der angesprochene Adressatenkreis, also die Zielgruppe, ist.

5.2 Normen helfen dabei, dass es technisch funktioniert.

Wenn mehrere Fachplaner und Architekten zusammenarbeiten, ist es sicherlich so, dass unterschiedliche Softwarelösungen verwendet werden. Aber da die Beteiligten die Informationen austauschen müssen, ist sicherzustellen, dass das Modell, das von Architekt A erstellt wird, auch von Architekt B und Fachplaner C geöffnet werden kann und die Informationen korrekt angezeigt werden. Das ist das sogenannte Mappen. Wie das technisch mit dem Mappen funktioniert, wurde bereits zuvor in diesem Buch von Christof beschrieben. Ein BIM-Gesamtmodell ergibt sich aus mehreren Einzelmodellen. Das bedeutet, dass z. B. der TGA-Planer seine TGA plant, also die Heizungen, Rohre, Klimaanlagen usw. Meistens sind an den Fachplanungen mehrere Akteure beteiligt. Ein Fachplaner ist für die Heizungsanlage zuständig, ein weiterer Fachplaner kümmert sich um die Raumlufttechnik und der dritte um die Sanitäranlagen. Daneben planen die Architekten ein Architekturmodell des Gebäudes, die Wände, die Türen, die Fenster etc. Und für das Design der äußeren Hülle des Gebäudes und die Wärmedämmung ist natürlich auch ein Fassadenmodell vonnöten. All diese Modelle beinhalten unterschiedliche Informationen.

Damit diese Einzelmodelle zusammengefügt werden können und bspw. von den Facility Managern in ihrer CAFM-Software die Informationen zur Sanitäranlage und zur Raumlufttechnik an der richtigen Position angezeigt werden, brauchen wir einheitliche Datenschnittstellen und eindeutige Datenstrukturen. Diese werden in Normen beschrieben.

Diese einzelnen Modelle der Planer und Architekten werden dann übereinandergelegt, damit alle Informationen zu dem Gebäude in einem Modell konsolidiert angezeigt und ggf. angepasst werden können. Dafür werden sogenannte BIM-Viewer und Collaboration-Tools genutzt.

5.3 Warum wir standardisierte Schnittstellen brauchen

Mit diesen Collaboration-Tools kann dargestellt werden, ob und wo Kollisionen in den Modellen auftreten, wenn z. B. eine Abluftleitung durch eine Wand verläuft, die keine Öffnung hat oder ein Heizungsrohr vor einer Tür liegt. Es ist unbedingt hilfreich, dass die Software zum Planungszeitpunkt im BIM-Modell mit einer Fehlermeldung darauf hinweist, dass eine Anpassung erfolgen muss. Wenn solche Fehler erst während der Bauphase auffallen, sind damit Verzögerungen und Kostensteigerungen verbunden. Bedingungen für den Austausch von Informationen ist die Zusammenführung von Einzelmodellen in ein Gesamtmodell und einheitliche Schnittstellen wie das IFC-Format. Dieses wurde genau für diesen Zweck entwickelt. Um dieses Format möglichst flächendeckend anzuwenden, ist dieses Schnittstellenformat als internationale ISO-Norm standardisiert. Beim Speichern seines Modells als IFC-Datei nutzen wir also einen wichtigen technischen Standard, ohne es unbedingt zu realisieren. Würden alle Beteiligte ihre Modelle in unterschiedlichen Formaten abspeichern, könnte man die Informationen nicht austauschen und die BIM-Methode wäre nicht anwendbar. Die Bedeutung einer Regel wird häufig erst erkannt, wenn zu einem bestimmten Sachverhalt keine Norm besteht.

Über einheitliche Schnittstellen und Datenstrukturen wird genau festgelegt, in welcher Detailtiefe und in welchem Format die Informationen übermittelt werden.

Exkurs

Wofür benötigen wir Normung und Standardisierung?

Die gesellschaftliche Regelsetzung ist soweit bekannt. Über deren aktuelle Fortschreibung werden wir täglich in Form von Nachrichten informiert und wir lernen bereits in der Schule, wie die Gesellschaft und das politische System konstituiert sind und welche Rolle die Politik dabei spielt.

Bei der technischen Regelsetzung hingegen ist vielleicht nur bekannt, dass es Normen gibt und dass diese bestimmte Maße (z. B. DIN A4) oder Anforderungen (z. B. ISO 9001) festlegen. Wie die Normungsarbeit jedoch funktioniert, wer die Normen und Standards erstellt und weshalb wir diese benötigen, wird in der Schule leider nicht gelehrt. Und auch im Studium werden häufig nur Toleranzen und Maße in Tabellen nachgeschlagen.

Häufig sind uns Auswirkungen der Normung nicht bewusst. Das klassische Beispiel ist die Schraubennormung: Wenn Mutter und Schraube keine einheitlichen Gewindemaße hätten, würden die Schraubengrößen verschiedener Hersteller ganz unterschiedlich ausfallen. Dies hätte Auswirkungen in beide Richtungen der Lieferkette: Zulieferunternehmen müssten ihre Produktionsmaschinen immer wieder neu an die individuellen Kundenmaße anpassen. Dies würde sich wiederum auf deren Effizienz und somit unmittelbar auf deren Umsatzerlöse und Gewinne auswirken. Noch eindeutiger ist die Relevanz von Normen und Standards sichtbar, wenn die andere Richtung der Wertschöpfungskette betrachtet wird. Hätten beispielsweise die Schrauben der Hersteller unterschiedliche Abmessungen, müsste dies bei der Planung und Ausführung berücksichtigt werden. Dies würde die Technologieoffenheit einschränken, weil man sich ggf. von einem oder zumindest wenigen Herstellern abhängig machen würde (das heißt dann vendor lock-in). Zudem würde das die Effizienz von Projekten deutlich verringern und somit die Projektkosten in die Höhe treiben.

Ein anderes Beispiel sind die sogenannten ISO-Container. ISO-Container sind große Stahlcontainer für Containerschiffe – 8 Fuß breit, 8,5 Fuß hoch und 20 oder 40 Fuß lang. Damit die Containerschiffe effizient beladen werden können und die Container auch mit anderen Verkehrsmitteln (LKW oder Zug) transportiert werden können, ist es wichtig, dass sie identische Abmessungen und auch Festlegungen zur Stapelbarkeit und kompatible Halterungen haben. Diese werden in der ISO 668 festgelegt. Wären diese Attribute nicht standardisiert, wäre die globale Verschiffung und der Transport von Gütern äußerst ineffizient.

Quelle: anekoho/fotolia.com

Bild 64: Beispiel für ISO-Container

5.3.1 Wie funktioniert die Normung?

In Deutschland kümmern sich verschiedene Regelsetzer um die Normung und Standardisierung zahlreicher Themenfelder. Das geht von A wie Automobilindustrie über B wie Bauindustrie hin zu M wie Maschinenbau und Z wie Zivile Sicherheit. Das Deutsche Institut für Normung e. V. (DIN) bildet dabei die unabhängige Plattform für Normung und Standardisierung in Deutschland und weltweit. Bei DIN arbeiten die Expertinnen und Experten aus Wirtschaft und Forschung, von Verbraucherseite und der öffentlichen Hand gemeinsam in verschiedenen Gremien. Sie diskutieren, beraten und entscheiden welche Normen und Standards zu relevanten Themen zu erarbeiten – und bei Bedarf zu überarbeiten sind. Gemäß den Grundsätzen der Normungsarbeit haben sämtliche interessierten Kreise die Möglichkeit, sich an der Normungsarbeit bei DIN zu beteiligen.

Die Bedarfe an neuen Normen und Standards werden somit von den Nutzenden und Fachkundigen selbst identifiziert. Das kann zum Beispiel durch die Entwicklung neuer Technologien, Produkte oder Dienstleistungen erfolgen. Wenn ein Unternehmen ein neues Produkt oder eine neue Technologie entwickelt hat, muss zunächst Vertrauen für dieses geschaffen werden. Der Anbieter kann nun über die Produktvermarktung, mit relativ viel Aufwand, intensiver Kommunikationsbegleitung und Überzeugungskraft die Güte und Qualität des neuen Produkts herausstellen. Oder er beruft sich auf Normen und Standards und bestätigt, dass die Anforderungen der Norm XY erfüllt sind oder u. U. selbst an einem Standard mitgearbeitet hat.

Wenn ein Unternehmen ein neues Produkt vermarktet, können Informationen wie „Wir haben als Unternehmen diesen Standard aktiv mitgestaltet“ oder „Unser Produkt hält die Anforderungen der Norm XY ein ...“ potenzielle Kunden überzeugen, da dadurch das Vertrauen in das Produkt steigt.

5.3.2 Wie kommen die Inhalte in eine Norm?

Frage

O. K., das habe ich verstanden. Aber wie kommen jetzt die Inhalte in eine solche Norm?

Antwort

Wenn eine Person, ein Unternehmen oder eine Institution ein Thema identifiziert hat, bei dem Normung sinnvoll erscheint, kann diese Idee als Normungsantrag bei DIN eingereicht werden. Dann wird geprüft, ob es bereits einen Normenausschuss bzw. einen Arbeitsausschuss in einem Normenausschuss gibt, der sich thematisch mit dem Thema auseinandersetzt. Dieser gibt dann auch die Rückmeldung, ob es bereits eine Norm zu dem Thema gibt. Wenn dem so ist, wird dem Einreicher die bestehende Norm genannt und der Antrag wird nicht weiter verfolgt, da es ja schon ein Dokument dazu gibt. Wenn es keine Norm dazu gibt, wird der Bedarf in der Branche geprüft. Wenn dieser Bedarf bestätigt wird, kann ein Norm-Entwurf erstellt werden. Der Ideengeber kann seine Idee dann den Expertinnen und Experten im Normenausschuss (NA) präsentieren. Er kann auch Teil des Arbeitsausschusses werden und aktiv an der Erarbeitung der Norm mitwirken. Nach den aktuellen Regularien ist es so, dass sich ein Arbeitsausschuss in der Regel aus 21 Mitarbeitenden zusammensetzt. Wie in jedem guten Club, gibt es aber selbstverständlich auch hier eine Gästeliste. Wenn ein Unternehmen Interesse an der Mitarbeit in einem DIN-Arbeitsausschuss hat, kann es einen entsprechenden Antrag stellen. Die Besetzung der Arbeitsausschüsse regeln diese selbst. Es wird geprüft, ob der Arbeitsausschuss „paritätisch“ besetzt ist, also alle Meinungen aus unterschiedlichen Perspektiven berücksichtigt werden. In Bild 65 wird zusammengefasst dargestellt, wie der Prozess von der Ideeneinreichung bis zur Veröffentlichung definiert ist.

01
Jeder kann einen Normungsantrag stellen.

Der zuständige Ausschuss prüft den **Bedarf** in der Branche.

02
Im Norm-Projekt erarbeiten alle Interessensgruppen die Inhalte der Norm im Konsens.

Insgesamt **36.000 Experten** aus Wirtschaft, Forschung, Politik und von Verbraucherseite unterstützen dabei.

03
Die Öffentlichkeit kommentiert den Norm-Entwurf.

Anhand der Kommentare überarbeiten alle am Norm-Projekt Beteiligten den Entwurf.

04
DIN veröffentlicht die fertige DIN-Norm ...

... und **überprüft** sie spätestens alle fünf Jahre.

Quelle: DIN e.V.

Bild 65: Infografik „Entstehung einer Norm“

5.3.3 Alternativen zur Norm

Frage

Wenn hier kontroverse Themen genormt werden, braucht man ja sicherlich etwas Geduld, bis sich alle geeinigt haben. Gibt es auch Möglichkeiten einen Standard schneller einzusetzen?

Antwort

Insbesondere bei neuen und innovativen Technologien oder Produkten ist die Standardisierung wichtig. Außerhalb von DIN ist vielen der Unterschied von Normung und Standardisierung nicht bekannt. Kurz erklärt: Bei Normung geht es darum, eine klassische DIN-Norm zu erstellen. Die Erstellung einer Norm ist wiederum genormt, und zwar in der DIN 820 – Grundsätze der Normungsarbeit.

Die Standardisierung hingegen unterliegt nicht dem klassischen Normungsprozess. Ein solcher Standard heißt beim Deutschen Institut für Normung DIN SPEC. Die Erstellung einer DIN SPEC erfolgt nicht in den Normenausschüssen. Wer einen Bedarf für einen Standard hat, kann diese an DIN schicken. DIN prüft daraufhin, ob es zu dem Thema bereits eine Norm gibt oder ob es andere Gründe gibt, die gegen die Veröffentlichung eines Standards zu diesem Thema sprechen. Insbesondere bei Themen rund um Brandschutz, Arbeitssicherheit oder Gesundheitsschutz ist es in der Regel kritisch, Standards zu erstellen, weil diese Themen bereits in der klassischen Normung behandelt werden.

Wenn es grünes Licht für den Standard gibt, kann dieser im Regelfall schnell umgesetzt werden. Die Idee zum Standard wird beschrieben und in Form eines Geschäftsplans veröffentlicht. Dieser wird 30 Tage online gestellt und kann von jedem Interessierten kommentiert werden. Die so am Geschäftsplan Beteiligten werden daraufhin zu einem Kick-off-Meeting eingeladen. Die Akteure, die an dem Standard mitarbeiten möchten, stimmen während des Kick-offs dem Geschäftsplan zu (neben der inhaltlichen Beschreibung zu dem geplanten Standard werden hier auch vertragliche Modalitäten beschrieben). In wenigen Wochen werden die Inhalte erstellt, abgestimmt, grafisch aufbereitet und im Anschluss veröffentlicht – fertig. Bild 66 stellt den beschriebenen Prozess dar:

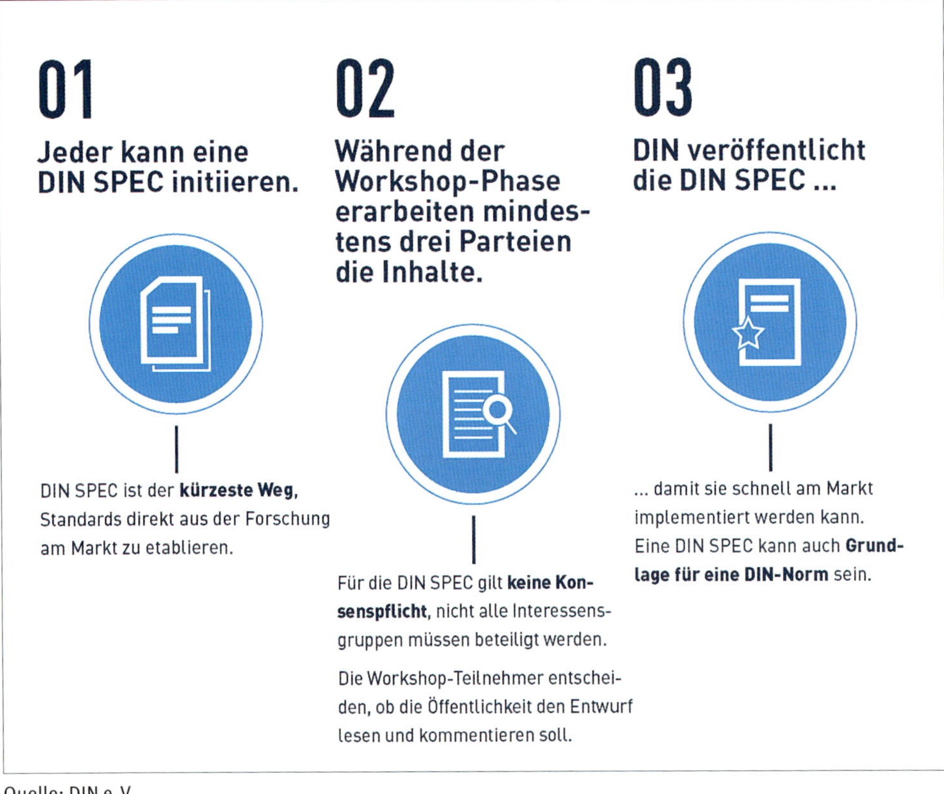

Quelle: DIN e. V.

Bild 66: Infografik „Entstehung einer DIN SPEC“

Nach der Veröffentlichung der DIN SPEC gehen die Akteure, die den Standard erarbeitet haben, wieder jeder seiner Wege, da die Erarbeitung des Standards abgeschlossen ist. Die Normenausschüsse kommen dagegen regelmäßig zusammen, um über neue Normen, die Überarbeitung bestehender Normen oder die Zurückziehung nicht mehr aktueller Dokumente zu diskutieren und zu entscheiden.

Kurz zusammengefasst: Normen und Standards entwickeln diejenigen, die sie später auch anwenden. Diese können nach Veröffentlichung national, europäisch oder international angewendet werden.

Frage

Das heißt, dass quasi jeder eine Idee zu einer Norm oder einem Standard bei DIN einreichen kann. Bei einer Norm kann man mitarbeiten, wenn es in die aktuelle Besetzung des Ausschusses passt. Und bei einer DIN SPEC kann jeder mitarbeiten, der beim Kickoff diesem Geschäftsplan zustimmt. So weit, so gut. Und wenn das dann veröffentlicht ist, müssen alle anderen die Norm einhalten?

Antwort

Die Anwendung von DIN-Normen ist grundsätzlich freiwillig. Erst dann, wenn Normen zum Inhalt von Verträgen werden oder wenn der Gesetzgeber ihre Einhaltung zwingend vorschreibt, werden Normen bindend. Bei Anwendung der DIN-Normen kann vorausgesetzt werden, dass nach anerkannten Regeln der Technik vorgegangen wird. Ein korrektes Verhalten lässt sich so einfacher nachweisen.

Frage

Jetzt habe ich nur noch die Stimme meines Chefs im Hinterkopf, wenn ich ihm sage: „Du, Chef, wir sollten unbedingt in der Normung mitmachen." Seine Antwort wird vermutlich sein: „Kostet Geld. Ich muss Leute abstellen. Und wenn die Leute in der Normung arbeiten, arbeiten sie nicht für mich. Warum soll ich das machen?"

Antwort

Jedes Unternehmen und jede Organisation muss abwägen, ob ein strategischer Nutzen an der Normung und Standardisierung besteht und eine Mitarbeit an der Normung infrage kommt.

Wenn ein Unternehmen oder eine Organisation eine Lösung, ein neues Produkt oder eine Dienstleistung entwickelt hat, können die Anforderungen hierzu in einer Norm oder einem Standard beschrieben werden. Potenzielle Kunden geben meinem Produkt einen Vertrauensvorschuss, wenn mein Produkt den Anforderungen der Norm entspricht oder ich an der Entwicklung des Standards mitgearbeitet habe.

Ein Standard dient als Qualitätsnachweis und erzeugt somit Vertrauen in Produkte, Dienstleistungen und somit auch in die Unternehmen, die dafür mitverantwortlich sind.

Zudem können sich Unternehmen durch ihre Mitarbeit in der Normung mit anderen Unternehmen und Organisationen der Branche vernetzen. Dadurch können wertvolle Kontakte hergestellt werden. Die an der Normungsarbeit Beteiligten sind frühzeitig über Normen und Standards informiert, die in naher Zukunft veröffentlicht werden. Wer an der Normung mitarbeitet, gestaltet auch die Spielregeln mit und kann das Ergebnis beeinflussen.

Für junge und kleinere Unternehmen ist die Mitwirkung in der Normung interessant, da sie sich mit anderen Unternehmen der Branche austauschen können – und das auf Augenhöhe. Wenn ein kleines Unternehmen eine Innovation auf den Markt gebracht hat oder auf den Markt bringen möchte, kann diese durch den Austausch und die Diskussionen mit den Experten aus der Normung einem Proof of Concept unterzogen werden, sofern die Produkte und Dienstleistungen den Inhalten des Standards entsprechen. Und auch hier gilt: Mitmachen – und die Spielregeln selbst gestalten.

Und man darf nicht vergessen: wenn man selbst den Bedarf an einer Norm erkannt hat, dann haben das andere wahrscheinlich auch. Womöglich an einem anderen Ort auf der Welt. Das heißt, irgendwer wird sich sicherlich um das eigene Thema kümmern – aber nicht notwendigerweise so, dass es einem selbst nutzt. Was interessiert uns, welche Dokumente z.B. im fernen China entwickelt werden? Spätestens über die WTO werden deren Inhalte auch für uns hier interessant. Denn die WTO sagt: „wir wollen keine Handelshemmnisse. Wenn es in eurem Bereich eine Norm gibt, egal wo auf der Welt, dann wäre es doch sehr schön, wenn ihr euch daran haltet." Auf diese Weise hat man die starke Empfehlung, sich auch nach weit entfernten Standards zu richten. Und wenn es schon so ist, dann hat man diese Standards doch besser selbst mitgeschrieben, oder? Denn dann konnte man dafür sorgen, dass einem das fertige Dokument hinterher nicht als Hindernis im Weg rum liegt.

Wer sich auf unterhaltsame Weise über das Thema Normung und Standardisierung informieren möchte, dem sei an dieser Stelle der Podcast „Menschen sind keine Ameisen – was ihr noch nie über Normung wissen wolltet, aber unbedingt wissen solltet" wärmstens empfohlen.

Quelle: DIN e.V.

Bild 67: Menschen sind keine Ameisen Link zum Podcast: https://soundcloud.com/dinyp/sets/menschen-sind-keine-ameisen

5.4 Standardisierte Daten bei BIM

Standardisierte Daten bei der Beschreibung von BIM-Modellen sind unglaublich hilfreich. Was vielleicht zunächst unterschätzt wird, möchten wir an folgendem Beispiel veranschaulichen: In einem Gebäudemodell soll die Brandschutzklappe mit den entsprechenden Merkmalen versehen werden. Nachdem die Brandschutzklappe in einem 3D-Modell eingefügt wurde, werden nun die Informationen zum Bauteil hinzugefügt. Länge und Breite ergeben sich aus der Zeichnung, aber wie sieht es mit der Einbausituation aus? Befindet sich die Brandschutzklappe in einer Massivwand, in einer Leichtbauwand oder in einer abgehängten Decke? Welche Feuerwiderstandsklasse gilt für die Brandschutzklappen und welche muss ich bei Leichtbauwänden und welche bei Massivbauwänden verwenden? Welchen Durchmesser hat die Klappe? Gebe ich diesen in Millimeter oder in Zentimeter an?

Darüber haben sich bereits zahlreiche Experten aus der Branche Gedanken gemacht und in Form von standardisierten Daten dokumentiert. Aber was bedeuten standardisierte Daten? Fachexperten haben sich zu einem bestimmten Thema ausgetauscht und sich gemeinsam auf die Inhalte einer Norm oder einer Leistungsbeschreibung im STLB-Bau (Standardleistungsbuch für das Bauwesen – www.stlb-bau-online.de) geeinigt. Entsendet von ihren Unternehmen und Organisationen kommen die Expertinnen und Experten also bei DIN zusammen und bringen ihre Standpunkte, Inhalte und Themen in die Diskussion mit ein. Am Ende einigen sich die Ausschüsse auf eine Leistungsbeschreibung oder auf die Inhalte einer Norm. Es wird versucht, möglichst sämtliche Perspektiven und Stakeholdergruppen dabei zu berücksichtigen. Das stellt sicher, dass die Inhalte der Norm dann auch möglichst fundiert sind und sämtliche Interessen berücksichtigt wurden. Zudem sind sie widerspruchsfrei – und genau das kann man nutzen. Diese Gedanken muss man sich nicht selbst machen, sondern das, was diese Expertinnen und Experten diskutiert und entschieden haben, kann man für seine eigenen BIM-Modelle beispielsweise nutzen und damit aus seinen 3D-Modellen echte BIM-Modelle machen, also 3D-Modelle mit zahlreichen Informationen zu den verbauten Materialien.

Frage

Alle reden von Zusammenarbeit und Kooperation – was hat Normung damit zu tun?

Antwort

Bei BIM geht es darum, dass alle beteiligten Akteure zusammenarbeiten. Über die BIM-Modelle werden Informationen ausgetauscht und sogar lebenszyklusphasenübergreifend genutzt. Das ist eine neue Art der Kooperation und Kollaboration, die gut organisiert werden muss. Dass es für die Organisation dieser Strukturen bereits Prozesse gibt und hierfür Normen und Standards eine wichtige Rolle spielen, haben wir bereits weiter oben gezeigt.

Dieser Gedanke der Zusammenarbeit kommt auch bei der Normung ins Spiel. Normen und Standards sind gemeinschaftlich erstellte Dokumente. Diejenigen, die hier an einem Tisch sitzen, haben selten exakt die gleichen Interessen. Durch Zusammenarbeit, offene Diskussionen und Kompromissbereitschaft einigen sich die Beteiligten schlussendlich auf die Inhalte.

6 Ausblick

Wenn es um BIM geht, denken die meisten an Planen und Bauen. Aber: Nie ist man näher an den FM-relevanten Daten dran als während dieser Phase. Von daher sollte die Gelegenheit genutzt werden, bereits beim Planen und Bauen mit dem Facility Management zusammenzuarbeiten. Die Anforderungen an Klima- und Umweltschutz sowie Nachhaltigkeit werden ohnehin einen Kulturwandel in der Zusammenarbeit zwischen Planen, Bauen und Betreiben erfordern. Bisher interessiert es viele Planer herzlich wenig, welche Konsequenzen zum Beispiel eine besondere Geometrie der Fassade oder die Wahl eines pflegeintensiven Materials für die Bewirtschaftung eines Gebäudes haben können. Dass die Bewirtschaftungskosten im Lebenszyklus eines Gebäudes dessen Herstellkosten um ein Vielfaches übersteigen, wird dabei häufig nicht bedacht.

Die EU-Taxonomie hat nichts mit Steuern zu tun, wie man vielleicht glauben könnte, sondern mit Nachhaltigkeit (https://eu-taxonomy.info/de/info/eu-taxonomie-grundlagen). Mit der Einführung der EU-Taxonomie hängt in Zukunft die Gewährung von Darlehen und Fördermitteln von der Erfüllung der dort geforderten Kriterien ab. Das wiederum bedeutet, dass dazu valide Daten vorliegen müssen, um eine anforderungskonforme Planung ausführen zu können. Die DIN BIM Cloud kann bereits jetzt einen Großteil von Daten für viele Anwendungsfälle zur Verfügung stellen und sie wird ständig erweitert, um auch die Daten für die Erfüllung der EU-Taxonomie-Anforderungen liefern zu können. Damit wird das „BIM-Machen“ erheblich effizienter, da das zeitraubende Suchen nach validen Daten entfällt.